U0026208

零廢棄社會

告別用過即丟的生活方式，邁向循環經濟時代

InfoVisual研究所／著

童小芳／譯

目　錄

零廢棄社會
告別用過即丟的生活方式，邁向循環經濟時代

前言

Part 1　零廢棄
世界上處處充斥著垃圾

Part 2　零廢棄
人類與垃圾的歷史

Part 3 追蹤垃圾的去向

Part 4 邁向零垃圾社會之路

本出版物之內容未經聯合國審校，並不反映聯合國或其官員、會員國的觀點。
聯合國永續發展目標網站
https://www.un.org/sustainabledevelopment/

覆蓋地球的大量垃圾是便利生活的副產品

新型冠狀病毒所引發的全球大流行導致垃圾急速增加,給了我們什麼樣的啓發?

2020年,隨著新型冠狀病毒擴大傳染,世界各地紛紛實施封城(封鎖城市),日本也發布了緊急事態宣言,人們的消費活動為之一變。由於外出受到限制,世界各地愈來愈常利用宅配或網購來取得糧食與日常用品,同時導致容器與包裝資材等塑膠垃圾驟增。用以預防感染的口罩也多為不織布與胺基甲酸酯等塑膠素材,全球用過即丟的口罩數量龐大,加速了塑膠垃圾的增加。

另一方面,食品界則因大量食品庫存而陷入進退維谷的局面。本該供應給學校午餐、餐飲店、飯店或各種活動等的食品無處可去,尤其是賞味期限較短的生鮮食品,陷入不得不丟棄的窘境。

正當世界朝著減少一次性塑膠與食品損耗的方向發展時,新型冠狀病毒所引發的全球大流行卻抹煞了人們到目前為止的努力,讓一切回到原點。而我們也在面臨緊急狀態後才首度體會到,人類光是待在家裡就會製造出許多垃圾、只因人們的行為改變就會衍生出許多浪費,以及我們不得不依賴一次性用品的便利性來維持生活或保命等。

人類的進化歷程與其他動物截然不同,一直以來不斷打造工具並接連創造出便於生活的物件。從中衍生出的副產品便是數量驚人且種類繁多的垃圾。日本環境省的數據顯示,日本每人每日的垃圾排放量約為918公克。大家或許無法確切感受到自己製造了這麼多的垃圾,不過有份調查報告指出,以可燃垃圾來說,每1公升垃圾袋所裝垃圾的重量平均約為100公克。舉個例來計算,如果是10公升

的垃圾袋,重約1公斤,如果是45公升的垃圾袋,則重約4.5公斤。

　　我們的生活中會產生廚餘、紙類、瓶罐與塑膠類等各式各樣的垃圾。前述的918公克是指這些固體垃圾的重量。然而,所謂的「垃圾」不僅限於這些。來自廁所、廚房、浴室與洗衣機等的生活廢水也是我們產生的廢棄物。此外,產業界也會持續排放分量龐大的產業廢棄物。甚至是工廠與汽車排出的廢氣、殘留於土壤或大氣中的農藥與化學肥料,以及核能發電廠用畢的核廢料等,可說是唯有人類才能製造出來的「垃圾」。人類只要做點什麼,就一定會產生垃圾。

　　未經妥善處理的垃圾與本來就難以處理的垃圾,都會汙染自然環境,對地球造成沉重負擔。因此,世界各地如今都以「零廢棄」為目標,試圖打造一個不會產生垃圾的社會。即便因為疫病大流行而暫時不進反退,也不可能阻止這一波潮流。接下來就讓我們一起來探究,該如何面對這些近在咫尺的「垃圾」吧。

Part 1

世界上處處充斥著垃圾

全球每年會製造出20億噸的一般垃圾，預計到2050年前將達到34億噸

已開發國家不斷大量廢棄，開發中國家則為處理所苦

根據世界銀行於2018年公布的報告書「What a Waste 2.0」，全球於2016年排出的一般垃圾估計約為20億1,000萬噸。該

全球的垃圾 **已突破 20 億**噸

如果用2噸的垃圾車來運載這些垃圾 **將需要 10 億輛垃圾車**

占全球人口**16**%的高所得國家所製造出的垃圾占全球的**34**%

2 歐洲與中亞
(57個國家)
3億9,200萬噸
每人每日的垃圾量
1.18kg

1 東亞與太平洋地區
(日本與中國等37個國家)
4億6,800萬噸
中國占其中的47%
每人每日的垃圾量
560g

3 南亞
(印度等8個國家)
3億3,400萬噸
每人每日的垃圾量
520g

4 北美
(美國、加拿大與百慕達)
2億8,900萬噸
每人每日的垃圾量
2.21kg

6 亞撒哈拉地區
(48個國家)
1億7,400萬噸
每人每日的垃圾量
460g

7 中東與北非
(UAE等21個國家)
1億2,900萬噸
每人每日的垃圾量
810g

5 拉丁美洲與加勒比海地區
(巴西等42個國家)
2億3,100萬噸
每人每日的垃圾量
990g

世界7大地區
垃圾產生奧林匹克競賽

來源：世界銀行「What a Waste 2.0」

報告已經敲響了警鐘：如果再這樣不採取任何對策，預計到2050年前將膨脹到34億噸。

這裡所說的一般垃圾，是指從家庭或企業回收的垃圾，又稱為都市垃圾。究其細節，食品與植物類44%、紙類17%、塑膠12%，光是前3名就占了7成以上。

垃圾排放量較多的，都是一些已開發國家與石油產出國等所得水準較高的國家。這些高所得國家的人口不過占全球人口的16%，排出的一般垃圾卻占了全球的3分之1以上。富裕的國家不斷大量生產並大量消費，結果便產生大量的垃圾。

另一方面，低所得國家的垃圾處理設施不夠完善，導致未經妥善處理的垃圾危及人們的健康與環境。倘若這些國家的人口繼續增加或愈來愈都市化，垃圾量將會倍增，預計會帶來更嚴重的災害。

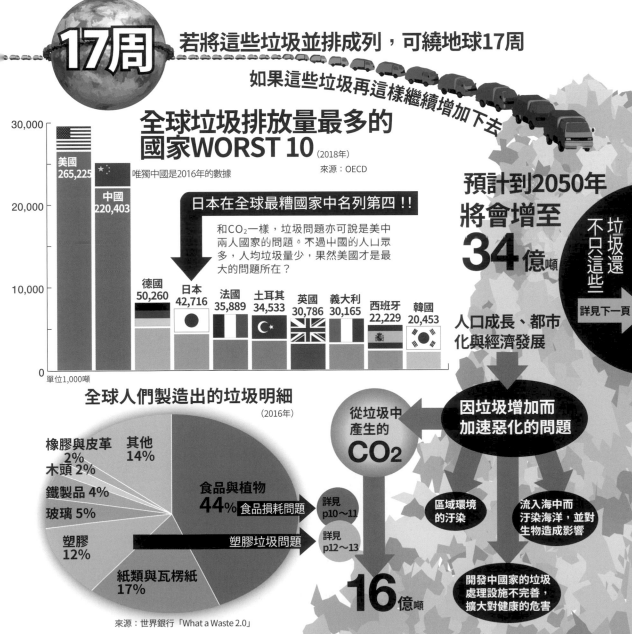

17周
若將這些垃圾並排成列，可繞地球17周

如果這些垃圾再這樣繼續增加下去

全球垃圾排放量最多的國家WORST 10 (2018年)

唯獨中國是2016年的數據

來源：OECD

美國 265,225
中國 220,403
德國 50,260
日本 42,716
法國 35,889
土耳其 34,533
英國 30,786
義大利 30,165
西班牙 22,229
韓國 20,453

單位1,000噸

日本在全球最糟國家中名列第四！！

和CO_2一樣，垃圾問題亦可說是美中兩大國家的問題。不過中國的人口眾多，人均垃圾量少，果然美國才是最大的問題所在？

預計到2050年將會增至 **34** 億噸

人口成長、都市化與經濟發展

垃圾還不只這些

詳見下一頁

全球人們製造出的垃圾明細 (2016年)

橡膠與皮革 2%
木頭 2%
鐵製品 4%
玻璃 5%
塑膠 12%
紙類與瓦楞紙 17%
食品與植物 44%
其他 14%

食品損耗問題 → 詳見 p10～11
塑膠垃圾問題 → 詳見 p12～13

來源：世界銀行「What a Waste 2.0」

從垃圾中產生的 **CO_2**

因垃圾增加而加速惡化的問題

區域環境的汙染

流入海中而汙染海洋，並對生物造成影響

開發中國家的垃圾處理設施不完善，擴大對健康的危害

16 億噸

Part 1

2 世界上處處充斥著垃圾

全球的產業廢棄物為118億噸，所有產業都會產出垃圾

與生活直接相關的垃圾

在上一頁看到的一般垃圾不過是我們人類製造的大量垃圾中的一部分。除此之外，另有因為各種產業活動而產生的產業廢棄物。

根據日本廢棄物工學研究所的研究調查，估計2020年的全球產業廢棄物為118.4億噸，且預測到了2050年將會增加一倍以上，達到279.3億噸，與一般垃圾加總起來將高達320億噸。

那麼，產業廢棄物含括了哪些東西呢？產業廢棄物的定義與分類會因國家與調查方式而異，不過以行業別來觀察日本

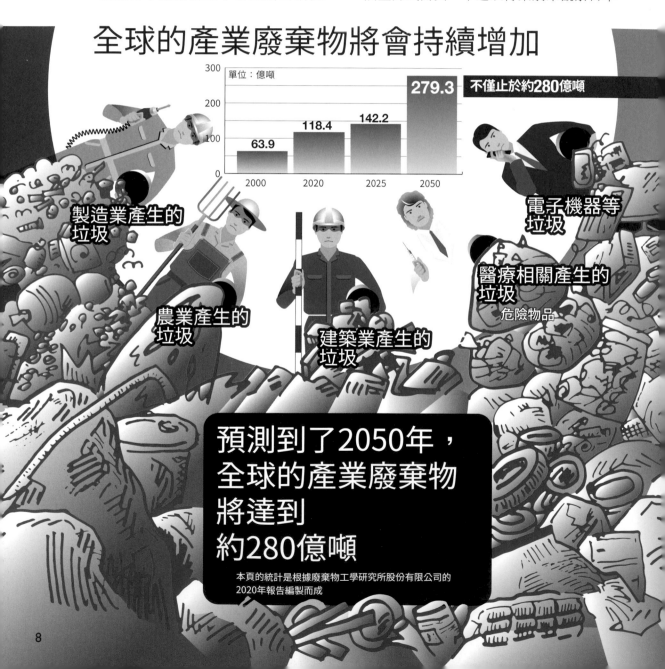

全球的產業廢棄物將會持續增加

單位：億噸

不僅止於約280億噸

2000	2020	2025	2050
63.9	118.4	142.2	279.3

製造業產生的垃圾

農業產生的垃圾

建築業產生的垃圾

電子機器等垃圾

醫療相關產生的垃圾
危險物品

預測到了2050年，
全球的產業廢棄物
將達到
約280億噸

本頁的統計是根據廢棄物工學研究所股份有限公司的2020年報告編製而成

2019年度的排放量會發現，電力、天然氣、供熱與自來水業占了約4分之1，其後則是農業、林業以及建築業。若按廢棄物的種類來劃分，製造業等所排出的廢材意外地少，最多的是汙泥，占了44%。

所謂的汙泥，是指處理來自汙水處理廠或工廠等處的廢水時所殘留下來的泥狀物質。一般提到垃圾，可能只會聯想到垃圾車收回的固體垃圾，不過我們從廚房與廁所沖出的汙水也是廢棄物之一。這些汙水會在我們眼所未見之處形成新的垃圾，也就是所謂的汙泥。

如此看來，產業廢棄物與我們的生活並非毫不相干。只要買了些什麼，在製造該商品的過程中肯定會產生垃圾。這意味著我們每天都會以某些形式產出垃圾，生活早已被垃圾團團包圍。

下一頁開始將會從這些廢棄物中挑出如今問題特別嚴重的部分逐一詳細地探究。

到了2050年，產業廢棄物與一般垃圾加總起來，全球的垃圾總量將會高達 320億噸

依行業別劃分的產業廢棄物排放量 2019年日本的情況如下

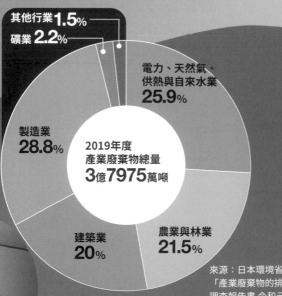

其他行業 **1.5%**
礦業 **2.2%**
製造業 **28.8%**
電力、天然氣、供熱與自來水業 **25.9%**
2019年度產業廢棄物總量 **3億7975萬噸**
建築業 **20%**
農業與林業 **21.5%**

而這些產業廢棄物的種類及其排放量如下

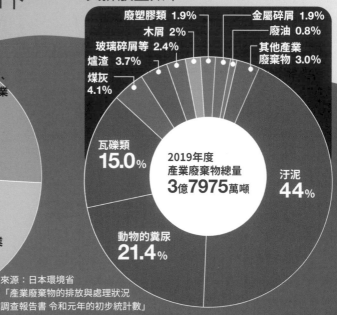

廢塑膠類 **1.9%**
木屑 **2%**
玻璃碎屑等 **2.4%**
爐渣 **3.7%**
煤灰 **4.1%**
金屬碎屑 **1.9%**
廢油 **0.8%**
其他產業廢棄物 **3.0%**
瓦礫類 **15.0%**
2019年度產業廢棄物總量 **3億7975萬噸**
汙泥 **44%**
動物的糞尿 **21.4%**

來源：日本環境省「產業廢棄物的排放與處理狀況調查報告書 令和元年的初步統計數」

令人意外的是，「電力、天然氣、供熱與自來水業」在各行業產業廢棄物中竟占了4分之1。究其明細，電力與天然氣等行業所產出的垃圾比例低，大部分都是來自汙水處理廠所產生的汙泥。

不光是汙水處理廠，許多產業都會用到水，並在廢水處理中產生「汙泥」。「動物的糞尿」是畜牧業的牛、豬及雞等所產生，「瓦礫類」則是來自建築工地等處。

3

世界上處處充斥著垃圾

食品損耗與食品廢棄與日俱增，有3分之1的糧食被丟棄

已開發國家的烹飪垃圾較少？

聯合國糧食及農業組織（FAO）的數據顯示，世界各地每年約有13億噸的糧食遭丟棄（2011年的調查）。這個數字相當於全球糧食產量的3分之1左右。世界上約有8億人因為貧窮或歉收等而飽受糧食短缺之苦，卻有這麼大量的糧食被丟棄。

日本將這種食物上的浪費統稱為「食品損耗」，而FAO則做出以下的區別。

● 食品損耗是指食物在生產、儲存、加工或運輸階段有所損耗。

● 食品廢棄是指食物在零售店、餐飲店或消費者階段遭到丟棄。

FOOD WASTE
食品廢棄 (2019年)

約 **9** 億 **3,100** 萬噸

指食物在零售店、餐飲店或消費者的廚房遭到丟棄

全球所丟棄的食物

約為 **13** 億噸

指食物在生產、儲存、加工或運輸階段有所損耗

約 **3** 億 **6,900** 萬噸

FOOD LOSS
食品損耗

超過60%的食品廢棄是以家庭垃圾的形式被丟棄

零售店 13%
餐飲店 26%
家庭 61%

世界上有8億多人正在挨餓，我們卻丟掉全球糧食的3分之1

來源：聯合國環境規劃署

營養不良人口在全球人口中所占的比例（2016～2018）

- 2.5%以下
- 5%以下
- 5%~14.9%
- 15%~24.9%
- 25%~34.9%
- 35%以上
- 無數據

來源：聯合國世界糧食計劃署

食品損耗的主要原因

開發中國家的情況

過度生產　採收技術不成熟　冷藏設施不完善

儲存與搬運的基礎設施不完善　加工設施不完善且加工技術不足

已開發國家的情況

消費者選擇產品的標準較高且根據外觀來挑選

埋沒在過多商品之中

飽食的消費者會輕易丟棄食品

聯合國環境署（UNEP）於2021年公布了一份報告書，把範圍縮小至這些浪費中的「食品廢棄」。該報告的結果顯示，全世界每年的食品廢棄高達9億3,100萬噸，其中61%來自家庭、26%來自餐飲店、13%來自零售店。

一般來說，技術與設備尚不成熟的開發中國家往往會有食品損耗量較大的傾向。另一方面，我們一直以來都認為，糧食富足的已開發國家的食品廢棄量較大。然而，根據UNEP的這項調查可以得知，食品廢棄量不太會受到所得水準影響。其中一個原因是，開發中國家的家庭每一餐都是從原材料開始烹調，反觀已開發國家，則大多利用已預先處理過的食材或已完成烹調的食品，因此比較不會製造出烹調垃圾。不過這是加工業者等替消費者處理掉食品垃圾，所以有必要全面審視食品損耗與食品廢棄。

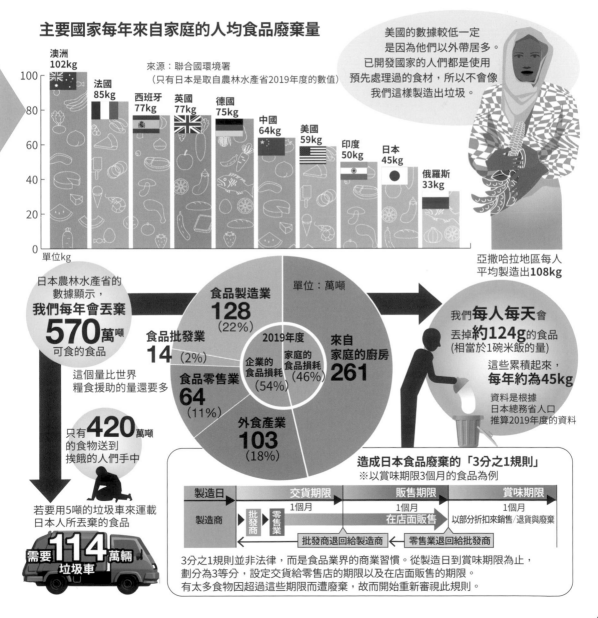

主要國家每年來自家庭的人均食品廢棄量

來源：聯合國環境署
（只有日本是取自農林水產省2019年度的數值）

澳洲 102kg
法國 85kg
西班牙 77kg
英國 77kg
德國 75kg
中國 64kg
美國 59kg
印度 50kg
日本 45kg
俄羅斯 33kg

單位kg

美國的數據較低一定是因為他們以外帶居多。已開發國家的人們都是使用預先處理過的食材，所以不會像我們這樣製造出垃圾。

亞撒哈拉地區每人平均製造出108kg

日本農林水產省的數據顯示，**我們每年會丟棄 570萬噸** 可食的食品

這個量比世界糧食援助的量還要多

只有 **420萬噸** 的食物送到挨餓的人們手中

若要用5噸的垃圾車來運載日本人所丟棄的食品

需要 **114萬輛** 垃圾車

單位：萬噸

食品製造業 **128** （22%）

食品批發業 **14** （2%）

食品零售業 **64** （11%）

外食產業 **103** （18%）

2019年度
企業的食品損耗（54%）
家庭的食品損耗（46%）

來自家庭的廚房 **261**

我們**每人每天**會丟掉**約124g**的食品（相當於1碗米飯的量）

這些累積起來，**每年約為45kg**

資料是根據日本總務省人口推算2019年度的資料

造成日本食品廢棄的「3分之1規則」
※以賞味期限3個月的食品為例

製造日	交貨期限	販售期限	賞味期限
製造商	1個月	1個月 在店面販售	1個月 以部分折扣來銷售/退貨與廢棄

批發商退回給製造商
零售業退回給批發商

3分之1規則並非法律，而是食品業界的商業習慣。從製造日到賞味期限為止，劃分為3等分，設定交貨給零售店的期限以及在店面販售的期限。有太多食物因超過這些期限而遭廢棄，故而開始重新審視此規則。

世界上處處充斥著垃圾

一次性塑膠已威脅到海洋的生態系統

充斥於生活中的容器包裝垃圾

從我們家裡產出的垃圾中，最棘手的便是塑膠垃圾。只要買了東西，絕對會附帶塑膠容器或包裝膜。這些都是只用1次就丟，家庭可說是天天都會產出塑膠垃圾。

塑膠是可以被賦予各種特性的優秀素

材，但畢竟是以石油人工製成的，所以有個很大的弱點是在自然界中不會分解。再加上塑膠很輕，容易被風吹走，如果沒有妥善處理，便會從河川流入大海。推估其數量每年高達800萬噸，已經威脅到海洋生物的性命。鯨魚吞下大量塑膠袋而氣絕身亡，海龜被塑膠製漁網纏住，而海鳥將瓶蓋誤認為食

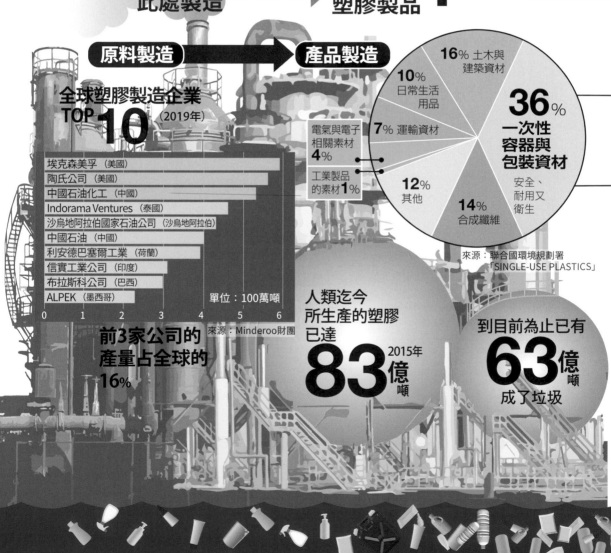

塑膠的原料是在此處製造 ➡ **每年產出4億噸的塑膠製品**

原料製造 ➡ **產品製造**

全球塑膠製造企業 TOP 10 （2019年）

埃克森美孚（美國）	
陶氏公司（美國）	
中國石油化工（中國）	
Indorama Ventures（泰國）	
沙烏地阿拉伯國家石油公司（沙烏地阿拉伯）	
中國石油（中國）	
利安德巴塞爾工業（荷蘭）	
信實工業公司（印度）	
布拉斯科公司（巴西）	
ALPEK（墨西哥）	

單位：100萬噸
0　1　2　3　4　5　6
來源：Minderoo財團

前3家公司的產量占全球的16%

電氣與電子相關素材 **4%**
工業製品的素材 **1%**

16% 土木與建築資材
10% 日常生活用品
7% 運輸資材
36% 一次性容器與包裝資材　安全、耐用又衛生
12% 其他
14% 合成纖維

來源：聯合國環境規劃署「SINGLE-USE PLASTICS」

人類迄今所生產的塑膠已達 83億噸 2015年

到目前為止已有 63億噸 成了垃圾

物而餵給雛鳥。令人衝擊的案例不計其數，讓我們認知到全球海洋已遭塑膠汙染的現實。

　　塑膠垃圾在海中漂移的過程中，會化作所謂塑膠微粒的小顆粒，並吸附海中的有害物質。一旦海洋生物誤食了這些微粒，有害物質便會在體內濃縮，並經由食物鏈而進一步提高濃度。最終承受這些影響的便是我們人類。

　　世界各地限制一次性塑膠的趨勢日益高漲，不過因為新型冠狀病毒全球大流行，食品的外帶與宅配的利用增加，導致塑膠垃圾驟增，去塑戰略恐怕會就此停擺。

超市中充斥著以塑膠包裝的商品

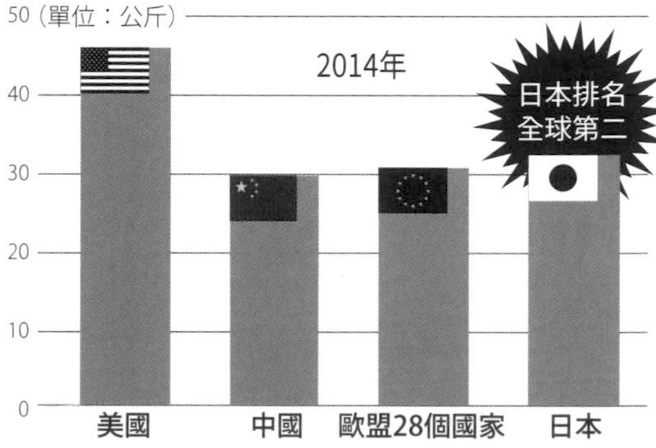

全球人均一次性塑膠容器垃圾量前4名

50（單位：公斤）

2014年

日本排名全球第二

	美國	中國	歐盟28個國家	日本

這些一次性塑膠垃圾何處去？

全球1億4,100萬噸的塑膠容器包裝垃圾中　　2015年

掩埋	流出	焚燒	回收
40%	32%	14%	14%

全球海洋已被塑膠垃圾汙染，對海洋動物造成嚴重損害

如果再這樣置之不理，預計到了2050年，塑膠垃圾量將會超過魚類數量

Part 1

5

世界上處處充斥著垃圾

因快時尚的流行
而衍生出大量廢棄的衣物

世界上有 87% 的衣物淪為垃圾

近年來，食品損耗與衣物損耗並列為待解的兩大問題。

根據英國艾倫麥克阿瑟基金會的調查報告，全世界每一秒都有相當於一輛垃圾車分量的衣物被掩埋或焚燒。下圖詳細地標示了這一點。

2015年約有5300萬噸的素材用來作為衣料。以此製成的衣物中，高達73%被消費者使用後丟棄。

除此之外，如果再加上製造過程中被丟棄的下腳料與剩貨的處置（12%）、回收處理中的損失（2%），衣物損耗會高達

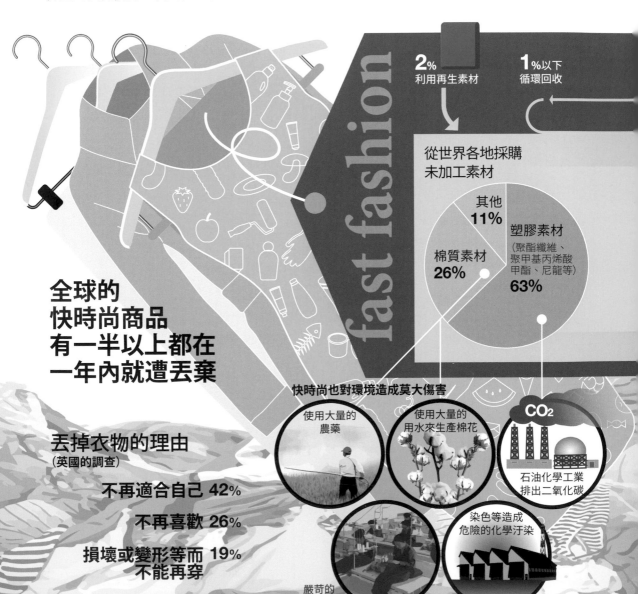

fast fashion

2% 利用再生素材

1%以下 循環回收

從世界各地採購
未加工素材

其他 **11%**

塑膠素材
（聚酯纖維、聚甲基丙烯酸甲酯、尼龍等）
63%

棉質素材 **26%**

**全球的
快時尚商品
有一半以上都在
一年內就遭丟棄**

丟掉衣物的理由
（英國的調查）

不再適合自己 42%

不再喜歡 26%

**損壞或變形等而
不能再穿 19%**

不再需要 7%

快時尚也對環境造成莫大傷害

使用大量的農藥

使用大量的用水來生產棉花

CO$_2$
石油化學工業排出二氧化碳

染色等造成危險的化學汙染

嚴苛的低薪勞動

87%，只有13%被回收再利用。

環境負擔高的服飾產業

　　日本於2020年有約51萬噸的衣服並未回收再利用，而是遭到廢棄，且大部分都以焚燒或掩埋來處置。

　　衣物廢棄物與日俱增，其背後原因在於「快時尚」的流行，即大量生產揉合流行元素的低價衣物。過半的快時尚商品在購買後不到一年的時間內就被丟棄了。

　　儘管這些衣物最終大多淪為垃圾，製造時卻耗費了大量的水與石油，還大量排放會造成地球暖化的二氧化碳（CO_2）。因此，纖維與服飾產業被視為僅次於石油產業的「全球第二大環境汙染產業」，迫切需要重大轉型。

來源：Ellen MacArthur Foundation, A new textiles economy: Redesigning fashion's future（2017）

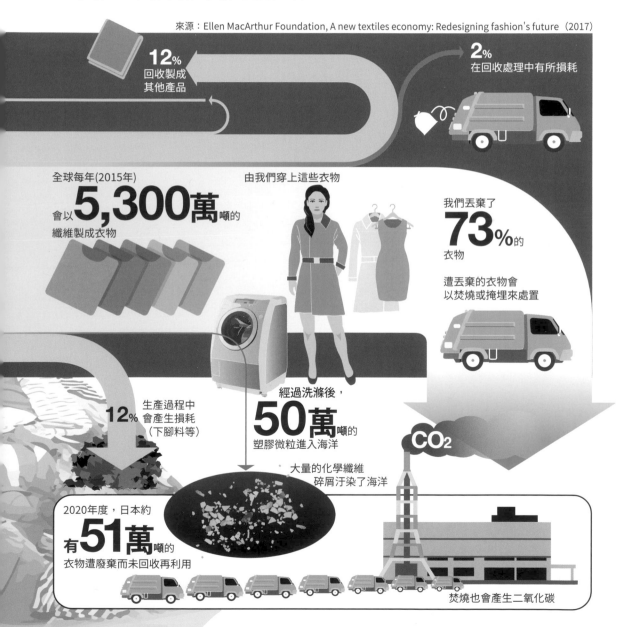

12% 回收製成其他產品

2% 在回收處理中有所損耗

全球每年(2015年) 會以 **5,300萬**噸的 纖維製成衣物

由我們穿上這些衣物

我們丟棄了 **73%**的 衣物

遭丟棄的衣物會以焚燒或掩埋來處置

12% 生產過程中會產生損耗（下腳料等）

經過洗滌後，**50萬**噸的 塑膠微粒進入海洋

大量的化學纖維碎屑汙染了海洋

CO_2

2020年度，日本約 有**51萬**噸的 衣物遭廢棄而未回收再利用

焚燒也會產生二氧化碳

Part 1

6

世界上處處充斥著垃圾

新型冠狀病毒的全球大流行
使醫療廢棄物的去向令人憂心

日趨增加的一次性醫療垃圾

2019年爆發的新型冠狀病毒肺炎轉眼間便在世界各地擴散開來，至今仍無歇止的跡象。因為這場全球疫病大流行，導致醫療廢棄物持續增加。而且醫療用具大多為一次性的塑膠製品，因而加速了塑膠危機。

醫療現場的一次性口罩、手套與防護衣等垃圾急遽增加。在最初擴大傳染的中國武漢市，單日的醫療廢棄物暴增了6倍，後來隨著疫情的延燒，其他國家也陷入同樣的窘境。

世界各國大約從2020年年底開始接種疫苗，結果廢棄了大量用過的針頭與注射器

對抗新型冠狀病毒的醫療體制
產生了大量的醫療垃圾

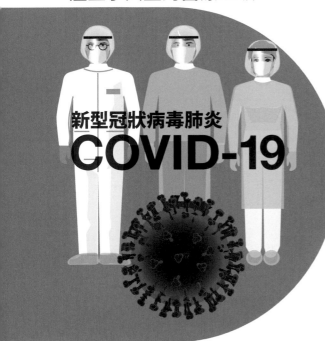

新型冠狀病毒肺炎
COVID-19

傳染性廢棄物

15%

●尖銳物品
手術刀

●(可能)沾有血液或體液的物品

紗布
電線
輸液組
導管
酒精棉
輸血袋

醫療廢棄物

塑膠安瓿
石膏

85%

無害廢棄物

以中國武漢為例，
新型冠狀病毒的
爆發導致醫療垃圾
增加了

6倍

全球統計尚未出爐，
但預測狀況應該並
無不同

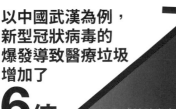

2019　　　　　2020

因COVID-19而驟增的代表性垃圾
2020年

COVID-19
導致全球的
口罩需求增加

全世界生產了
約**520**億個
口罩

等。全球感染人數最多的美國則面臨醫療廢棄物處理不及、疫苗供過於求而大量廢棄等,問題接踵而至。

醫院與醫療研究設施等所產出的垃圾本來就含括許多必須小心處理的物品,比如沾有血液或體液的東西、針頭或手術刀之類的尖銳物品等。尤其是具傳染力的病原體所附著的垃圾,很有可能對人類或自然環境帶來重大危機。因此,醫療垃圾通常會區隔開來,進行特殊處理,但是一般家庭所使用的口罩等則不在此限,有時會流入自然界。

根據香港的海洋保護團體Oceans Asia的數據,估計2020年有15億6,000萬個口罩流入海中。口罩材料中的不織布也是一種塑膠,所以將會在海中殘存數百年。

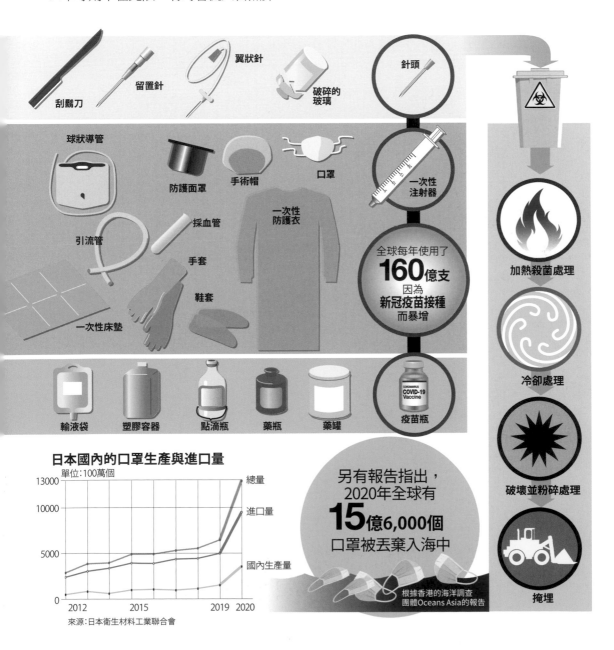

刮鬍刀　留置針　翼狀針　破碎的玻璃　針頭

球狀導管　防護面罩　手術帽　口罩　一次性注射器

引流管　採血管　一次性防護衣

手套

鞋套

一次性床墊

全球每年使用了 **160**億支 因為 **新冠疫苗接種** 而暴增

輸液袋　塑膠容器　點滴瓶　藥瓶　藥罐　COVID-19 Vaccine 疫苗瓶

加熱殺菌處理

冷卻處理

破壞並粉碎處理

掩埋

日本國內的口罩生產與進口量
單位:100萬個

總量
進口量
國內生產量

13000
10000
5000
0
2012　2015　2019 2020

來源:日本衛生材料工業聯合會

另有報告指出,2020年全球有 **15**億**6,000**個口罩被丟棄入海中

根據香港的海洋調查團體Oceans Asia的報告

Part 1

世界上處處充斥著垃圾

紙尿布垃圾令世界各地傷透腦筋，光是日本每年就製造220萬噸

已開發國家因高齡化使用者日增

全球對紙尿布的需求與日俱增。在開發中國家，嬰幼兒專用紙尿布的銷售額因人口成長而增加，已開發國家則因高齡化而使成人專用紙尿布的銷售額持續攀升，預計到2023年為止將會成長為規模902億美元

（約10兆2,500億日圓）的市場。

紙尿布既衛生又方便，但是使用後便成了垃圾，世界各地皆因大量的紙尿布垃圾而傷透腦筋。

紙尿布一吸收糞尿，重量就會膨脹4倍。嬰幼兒專用與成人專用的紙尿布加總起來，日本每年丟棄的紙尿布高達約220萬

全球持續增加的一次性紙尿布

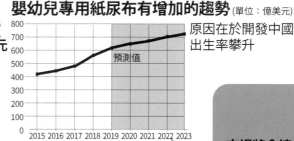

530億美元
2120億片

嬰幼兒專用紙尿布有增加的趨勢(單位：億美元)

原因在於開發中國家的出生率攀升

全球的一次性紙尿布市場

該市場的規模已達 **640**億美元 (2018年)

預計到了2023年

市場將會擴大至 **902**億美元

110億美元
270億片

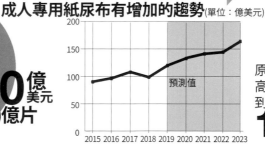

成人專用紙尿布有增加的趨勢(單位：億美元)

原因在於已開發國家的高齡者增加
到了2030年將增為 **164**億美元

日本持續高齡化，成人專用紙尿布的用量已於2013年超過嬰幼兒專用紙尿布

按區域劃分的成人專用紙尿布市占率 (2018年度)

- 中東 7%
- 亞太地區 30%
- 南美 18%
- 北美 20%
- 歐洲 25%

日本高齡化比例日趨上升

※65歲以上的人數在總人口中所占的比例

預測

成人專用紙尿布的產量日益增加

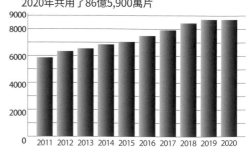

2020年共用了86億5,900萬片

單位100萬片　　　　來源：日本衛生材料工業聯合會

18

噸，且大部分都以焚燒處置。含有水分的紙尿布不易燃燒，需要更多燃料與費用，還會對焚化爐造成損傷。

此外，像美國那樣掩埋紙尿布垃圾的國家則面臨了其他問題。紙尿布裡除了紙漿外，還為了吸水與防水而使用了塑膠素材，所以會永遠殘留在掩埋場。因此，目前正在開發使用可回歸土壤的「生物可分解塑膠」所製成的生物質尿布。

另一方面，日本、歐洲各國與澳洲等所推動的對策則是紙尿布的回收。除了採用各種處理方式分別讓素材重新製成固體燃料、建築資材、貓砂等，還開發出以再生素材重製紙尿布的技術。

然而，目前的現狀是，這些都是由各企業獨自投入，還沒有哪個國家找出決定性的解決之策。

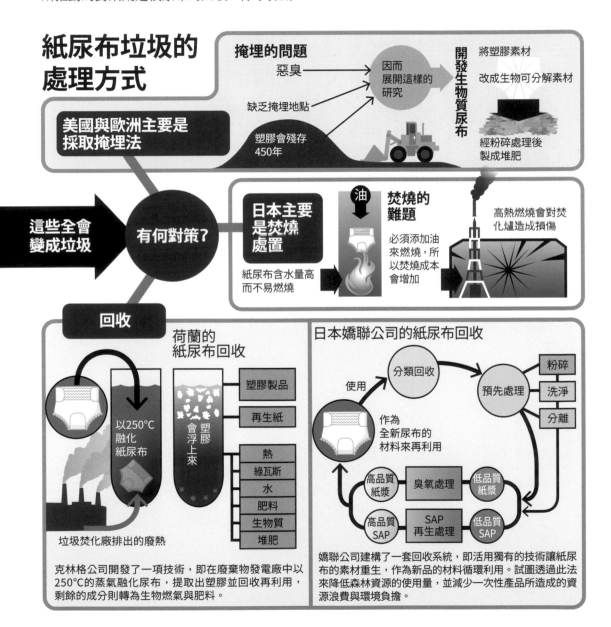

紙尿布垃圾的處理方式

美國與歐洲主要是採取掩埋法

這些全會變成垃圾

有何對策？

掩埋的問題

惡臭

缺乏掩埋地點

塑膠會殘存450年

因而展開這樣的研究

開發生物質尿布

將塑膠素材改成生物可分解素材

經粉碎處理後製成堆肥

油

焚燒的難題

日本主要是焚燒處置

紙尿布含水量高而不易燃燒

必須添加油來燃燒，所以焚燒成本會增加

高熱燃燒會對焚化爐造成損傷

回收

荷蘭的紙尿布回收

以250℃融化紙尿布

垃圾焚化廠排出的廢熱

塑膠會浮上來

塑膠製品
再生紙

熱
綠瓦斯
水
肥料
生物質
堆肥

克林格公司開發了一項技術，即在廢棄物發電廠中以250℃的蒸氣融化尿布，提取出塑膠並回收再利用，剩餘的成分則轉為生物燃氣與肥料。

日本嬌聯公司的紙尿布回收

使用

分類回收

預先處理

粉碎
洗淨
分離

作為全新尿布的材料來再利用

高品質紙漿

臭氧處理

低品質紙漿

高品質SAP

SAP再生處理

低品質SAP

嬌聯公司建構了一套回收系統，即活用獨有的技術讓紙尿布的素材重生，作為新品的材料循環利用。試圖透過此法來降低森林資源的使用量，並減少一次性產品所造成的資源浪費與環境負擔。

世界上處處充斥著垃圾

來自生活廢水與化學肥料的氮已流入自然環境之中

水環境的優養化成了一大問題

所謂的「地球限度（Planetary boundaries）」是顯示地球環境狀態的指標之一。一旦超出地球處理能力的極限，便會引發不可逆的變化而危及人類的生存。如今氮循環與氣候變遷一樣，超出地球極限的風險愈來愈高。

事實上，我們從廚房或廁所流出的生活廢水也是擾亂氮循環的原因之一。食物殘渣、油與糞尿等皆含有氮與磷，一般的汙水處理無法徹底去除，最終便流入河川、湖沼與海洋中。

氮與磷會成為水中浮游植物的營養來

自然界中的氮循環是植物用來製造蛋白質的機制

大氣中有 **78**% 為 N_2=氮

然而，這種狀態無法為植物所吸收。因此自然會這樣利用 N_2

N_2 進行固氮作用

土壤中的細菌會把 N_2 轉化為銨

NH_4 銨

將其轉化為 NO_2

NO_2 → NO_3

轉化為硝酸

植物 → **動物**

製造有機氮化合物

製造胺基酸

恢復成 NH_4

在植物內部逆向作用

為植物所吸收

動物吃下這些果實

糞便與屍體等進入土壤中

微生物

在脫氮細菌的作用下

化為 N_2 並返回大氣中

N_2

自然界中的氮循環

地球是透過這套機制來平衡氮的產生與消耗

19世紀末，為了糧食增產而需要氮肥，其原料為硝石

數量有限

因此有兩位德國科學家有了這樣的發想

如果可以人工固定空氣中的氮氣，就能無限製造人工肥料!!

佛列茲・哈伯（1868～1934）德國出身的化學家

卡爾・博施（1874～1940）德國化學家與經營者，為法本公司的創始人

佛列茲・哈伯與卡爾・博施兩人共同開發出固定空氣中的氮氣並以科學方式製成氮化合物的技術。

N_2　H_2
利用氮氣與氫氣

如今全球所使用的氮肥每年高達

1億1,500 萬噸

來源：Our World in Data

的確成功增加了作物的產量。人口也爆發性成長。這些成功卻讓全球的農業轉為大量使用化學肥料的農業

以植物三大營養素氮氣、磷與鉀開發出化學肥料，農業進入化學肥料的時代

德國化學企業法本公司開始大量生產氮肥

產生氨 NH_3

以鐵作為催化劑，使其在高溫高壓下產生反應

源，然後在食物鏈中被魚類等攝入，不斷轉換型態而循環不息。然而，當營養來源過度增加而持續「優養化」，浮游植物會異常繁殖。如此一來，便會引發大海顏色轉為紅色或褐色的「赤潮」，或水面全覆蓋一層綠色的「綠色浮渣」。有時會因水中缺氧而導致魚類大量死亡，漁業災損與對海洋生態系的影響已經成為全球性的大問題。

用於農地的化學肥料是引發優養化的另一個原因。化學合成的肥料有助於糧食增產，因此一直以來為世界各地所用。然而，

化學肥料中所含的氮與磷並不會全被作物吸收，有一半以上會釋放至土壤、大氣或水中。有鑑於此，歐美目前已針對化學肥料的使用進行管制。

其中65%流入自然界

生活廢水與工廠廢水也會排出氮氣

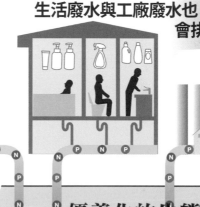

水環境優養化造成嚴峻的影響

正常的生態系

磷　　氮
Ⓟ光合作用Ⓝ

魚隻活力充沛

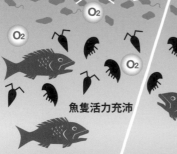

優養化的生態系

大量ⓃⓅ流入

水中營養過剩

浮游生物暴增

消耗氧氣

引發赤潮　　　　引發綠色浮渣

氧氣被消耗殆盡

魚隻因缺氧而死亡

浮游生物的屍體堆積，形成淤泥

9 世界上處處充斥著垃圾

頻仍的自然災害過後，總會留下大量的災害垃圾

氣候變遷招致的災害頻仍

近年來，世界各地的自然災害頻仍。美國有颶風與森林火災，亞洲有季風與洪水，而日本也幾乎每年都遭逢颱風、豪雨與地震等，造成重大災害。

最終留下的是災害垃圾。大規模的災

害會引發房屋倒塌、損壞與淹水等，還能使用的東西也會瞬間變成垃圾。在2011年的東日本大震災中，加上海嘯災情，推估產生了3,100萬噸的災害垃圾。一部分流入太平洋，還有些漂流至對岸國家。

災害所產生的垃圾會隨著災害類型、規模與地點等而異，有損壞的部分建築物、

全球主要大規模災害及其廢棄物量

（廢棄物量的單位是噸。只有美國與印尼是用㎥）

7,600萬

2005年
颶風卡崔娜
災害廢棄物
7,600萬㎥

2004年
颶風查利
200萬㎥
200萬

2004年
颶風弗朗西絲＆珍妮
300萬㎥
300萬

2018・2021年
紐約
豪雨與洪水成災

2019年
邁阿密與巴哈馬
颶風多利安
巴哈馬損失34億美元

2016・2018・2021年
歐洲
大雨與洪水成災

1999年
馬摩拉地震（土耳其）
1,300萬噸

1,300萬

2009年
拉奎拉地震（義大利）
150～300萬噸
300萬

2015～2019年
印度與孟加拉
各地幾乎每年
都遭大雨與洪水肆虐

2017年
哥倫比亞
大雨成災

2010年
海地地震
2,300～6,000萬噸

2018年
奈及利亞
豪雨成災

2015年
巴拉圭
大雨成災

2015・2017年
辛巴威
遭豪雨與氣旋肆虐

件

350
300
250
200
150
100
50
0

乾旱
大雨
洪水

1970　75　80　85　90　95　2000　05　10　15　18

6,000萬

家產、車輛、船舶、草木、農作物、土砂與汙泥等，種類繁多。這些全混在一起，無論是農藥或化學洗劑等有害物質，還是個人的紀念品或貴重物品，通通埋在垃圾之中。

因此，要撤除或處理都不容易，還會耗費龐大費用。災害頻仍的日本持續累積經驗，並為了迅速執行廢棄物撤除作業而制定了手冊，連災害志工服務也已有組織性。期望今後在支援災害對策不完善的開發中國家時，日本所累積的技術訣竅能派上用場。

一般認為，除了地震外，颱風、颶風、豪雨、洪水與森林火災等自然災害是因為近年的氣候變遷而變得頻繁。因此，加強災害對策的同時，還必須致力於地球暖化對策。

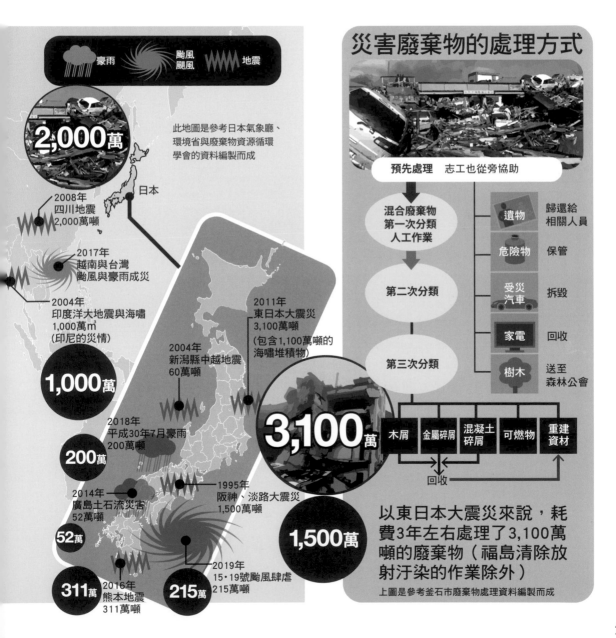

豪雨　颱風颶風　地震

2,000萬

此地圖是參考日本氣象廳、環境省與廢棄物資源循環學會的資料編製而成

日本

2008年
四川地震
2,000萬噸

2017年
越南與台灣
颱風與豪雨成災

2004年
印度洋大地震與海嘯
1,000萬㎥
（印尼的災情）

1,000萬

2011年
東日本大震災
3,100萬噸
（包含1,100萬噸的海嘯堆積物）

2004年
新潟縣中越地震
60萬噸

200萬

2018年
平成30年7月豪雨
200萬噸

3,100萬

2014年
廣島土石流災害
52萬噸

52萬

1995年
阪神、淡路大震災
1,500萬噸

311萬
2016年
熊本地震
311萬噸

215萬
2019年
15·19號颱風肆虐
215萬噸

1,500萬

災害廢棄物的處理方式

預先處理　志工也從旁協助

混合廢棄物
第一次分類
人工作業

遺物　→　歸還給相關人員

危險物　→　保管

受災汽車　→　拆毀

家電　→　回收

樹木　→　送至森林公會

第二次分類

第三次分類

木屑　金屬碎屑　混凝土碎屑　可燃物　重建資材

回收

以東日本大震災來說，耗費3年左右處理了3,100萬噸的廢棄物（福島清除放射汙染的作業除外）

上圖是參考釜石市廢棄物處理資料編製而成

世界上處處充斥著垃圾

史上最嚴重的放射性垃圾，10萬年都不會消失

因核事故而釋放出的放射性物質

2011年3月11日，東日本大震災同時引發了福島第一核電廠事故，造成核能反應爐內部核燃料融毀而釋放出大量放射性物質的慘劇。放射性物質大範圍灑落，受災區的災害垃圾、住宅與農地都遭到汙染，產生數量龐大的放射性垃圾。此外，自事故發生以來已經十多年了，如今核能反應爐仍會排出含有高濃度放射性物質的汙染水，對儲存罐造成威脅。福島第一核電廠已經決定除役，不過除役後，核電廠廠區內的所有東西都會成為放射性垃圾，據說要耗時百年才能再次利用該區用地。

1954年，全球第一座核電廠開始運作
前蘇聯的奧布寧斯克核電廠

核電廠用畢的核廢料會持續產出危險的放射性垃圾

如今，近 **70** 年過去了

危險的放射性垃圾仍持續累積

目前全球有

434 座核電廠

正在運行

（截至2021年5月）根據日本核能產業協會的資料

那麼，世界上大概累積了多少放射性垃圾？

無從得知

並未對一般大眾公開？

那麼日本的情況如何？

自1966年東海核電站啟動以來，已經過了56年

最多曾有 **54** 座核電廠在運作

（目前有33座，有10座仍在運作）

日本的福島核電廠直至今日仍會溢散出放射性垃圾

2011年3月11日的地震與海嘯所引發的核電事故產生了數量可觀的放射性垃圾

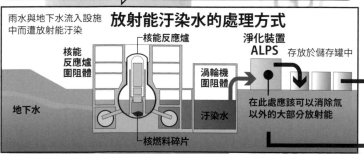

1號機　2號機　3號機　4號機

爆炸而四散的瓦礫 → 事故處理過程中所產生的危險放射性垃圾

雨水與地下水流入設施中而遭放射能汙染

放射能汙染水的處理方式

核能反應爐

淨化裝置 ALPS

存放於儲存罐中

核能反應爐圍阻體

地下水

渦輪機圍阻體

汙染水

核燃料碎片

在此處應該可以消除氚以外的大部分放射能

除役的發電廠本身成了龐大的垃圾，其數量估計達780萬噸

無處可去的核廢料

即便沒有引起事故，世界各地的核電廠也會不斷產生放射性垃圾。以鈾作為燃料來發電後，用畢核廢料的放射能（釋放出放射線的能力）會達到最高等級，為高放射性廢棄物，統稱為「核廢料」。放射能需要數萬年才能減弱至不會影響人體的程度。然而，世界上沒有任何地方可以丟棄這些廢料。核電廠被比喻為「沒有廁所的公寓」便是這個緣故。

芬蘭是目前世界上唯一試圖啟動核廢料最終處置場的國家。該計畫是要將用畢的核廢料放入統稱為「安克羅（Onkalo）」的設施中，在地底400～450m處封存10萬年，預計於2023年開始運作而受到全球矚目。

太空垃圾日益嚴重，逾1億個垃圾在地球軌道上繞行

碰撞危機阻礙了太空探索

人類不只在地球上持續製造垃圾。自1950年代正式展開太空探索後，便開始從地球攜帶大量垃圾進入外太空。

發射時脫離的火箭上節部位、已不堪使用的人造衛星、運行中釋出的零件，還有因爆炸或碰撞等而支離破碎的殘骸等，這些都成了「太空垃圾（space debris）」，被丟棄在繞著地球轉的軌道上。其數量竟高達1億多個。如左下插圖所示，這些垃圾集中於常用的軌道上，尤其是高700～1000km的低軌道一帶最為擁擠。

低軌道上的太空垃圾也和人造衛星一

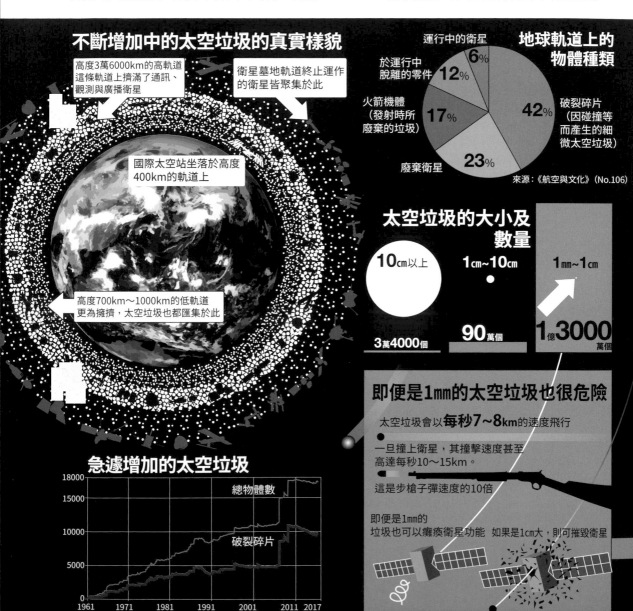

不斷增加中的太空垃圾的真實樣貌

高度3萬6000km的高軌道 這條軌道上擠滿了通訊、觀測與廣播衛星

衛星墓地軌道終止運作的衛星皆聚集於此

國際太空站坐落於高度400km的軌道上

高度700km～1000km的低軌道更為擁擠，太空垃圾也都匯集於此

地球軌道上的物體種類

運行中的衛星 6%
於運行中脫離的零件 12%
火箭機體（發射時所廢棄的垃圾）17%
廢棄衛星 23%
破裂碎片（因碰撞等而產生的細微太空垃圾）42%

來源：《航空與文化》（No.106）

太空垃圾的大小及數量

10cm以上 — 3萬4000個
1cm~10cm — 90萬個
1mm~1cm — 1億3000萬個

即便是1mm的太空垃圾也很危險

太空垃圾會以**每秒7~8km**的速度飛行

一旦撞上衛星，其撞擊速度甚至高達每秒10~15km。

這是步槍子彈速度的10倍

即便是1mm的垃圾也可以癱瘓衛星功能 如果是1cm大，則可摧毀衛星

急遽增加的太空垃圾

總物體數
破裂碎片

18000
15000
10000
5000
0
1961 1971 1981 1991 2001 2011 2017

樣，會以每秒7～8km的驚人速度繞著地球轉。因此，即便是小殘骸，一旦碰撞到人造衛星等，都會造成重大損傷，且會因為碰撞而增加更多碎片。事實上，2009年曾發生美國通訊衛星撞上俄羅斯廢棄軍事衛星的事故，導致數百塊新碎片四散。

據預測，一旦碎片過度增加，碰撞所產生的碎片又會引發更多撞擊，連鎖效應將會一發不可收拾。如此一來，便再也不能安全地在太空中活動而阻礙太空探索。此外，運行中的通訊衛星或廣播衛星如有損壞，也會影響到我們在地面上的生活。

有鑑於此，如今已在擬定規則，用以監測並防止太空垃圾的產生，同時還加速確立既有太空垃圾的回收技術。

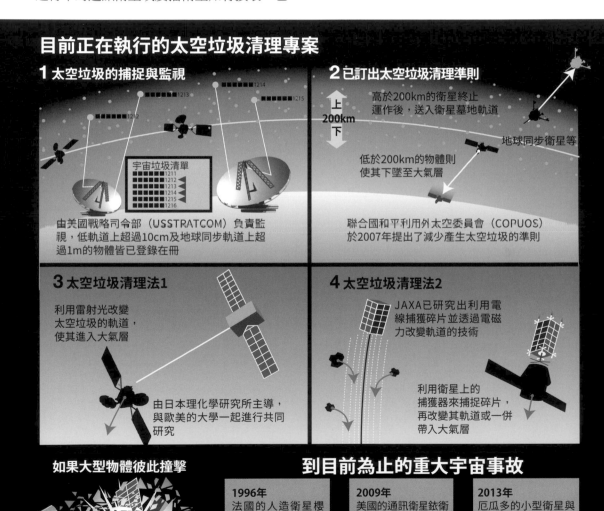

目前正在執行的太空垃圾清理專案

1 太空垃圾的捕捉與監視

宇宙垃圾清單
1211
1212
1213
1214
1215
1216

由美國戰略司令部（USSTRATCOM）負責監視，低軌道上超過10cm及地球同步軌道上超過1m的物體皆已登錄在冊

2 已訂出太空垃圾清理準則

上
200km
下

高於200km的衛星終止運作後，送入衛星墓地軌道

地球同步衛星等

低於200km的物體則使其下墜至大氣層

聯合國和平利用外太空委員會（COPUOS）於2007年提出了減少產生太空垃圾的準則

3 太空垃圾清理法1

利用雷射光改變太空垃圾的軌道，使其進入大氣層

由日本理化學研究所主導，與歐美的大學一起進行共同研究

4 太空垃圾清理法2

JAXA已研究出利用電線捕獲碎片並透過電磁力改變軌道的技術

利用衛星上的捕獲器來捕捉碎片，再改變其軌道或一併帶入大氣層

如果大型物體彼此撞擊

大量殘骸將會化為碎片四散於太空中

到目前為止的重大宇宙事故

1996年
法國的人造衛星櫻桃（Cerise）與歐洲太空總署的火箭碎片相撞

2009年
美國的通訊衛星銥衛星（Iridium）與俄羅斯的軍事衛星相撞，產生了大量碎片

2013年
厄瓜多的小型衛星與前蘇聯的火箭碎片相撞而失去控制

人類與垃圾的歷史

自然界中並無「垃圾」，構成萬物不斷循環的世界

由食物鏈支撐的生態系統

地球是從什麼時候開始成了充滿垃圾的星球？在字典裡查找「垃圾」一詞，上頭會寫著「無用之物」或「不需要之物」等。然而，對自然界而言，沒有什麼東西是沒有用的。

地球誕生於約46億年前。約27億年前出現了會進行光合作用的藍綠藻，產生大量氧氣後，逐漸形成如今所見的生態系統。

如右圖所示，植物會攝取陽光、水與二氧化碳來進行光合作用，製造生長所需的養分。唯有植物可以自行製造養分，因而被稱為自然界的「生產者」。

吃下這些植物長大的草食動物、鳥類與蟲隻稱為「第一級消費者」，而以這些為食的肉食動物、大型鳥類與蟲隻則稱為「第二級消費者」。生物的糞便與屍體、枯萎的植物等，會被稱為「分解者」的微生物所分解，回歸土壤後，再次被植物攝取。

食物鏈便是像這樣由食用與被食用的關係結合而成，撐起一個不會產生任何垃圾的世界。而破壞這種平衡的，正是人類。

 約**46**億年前，地球誕生

 約**40**億年前，形成熱海洋

一般認為最初的生命體便是誕生於這個時期

自此往後的**30**億年間、微生物為地球的主角

 約**27**億年前，出現會進行光合作用的微生物：藍綠藻

開始進行光合作用

光合作用所產生的氧氣讓地球為大氣所覆蓋

臭氧層在地球上成形

 約**10**億年前，多細胞生物誕生

 約**5**億8,000萬年前，水中生物成了主角

 約**5**億2,000萬年前，植物出現在地面上

植物開始進行光合作用

動物從水中登上陸地

此後，脊椎動物成了陸地上的主人翁

 恐龍的時代

 約**2**億2,000萬年前，最早的哺乳類動物出現

哺乳動物的時代

 約**700**萬年前，最早的人類出現

 約**40**萬年前，尼安德塔人出現

 約**20**萬年前，智人出現

人類加入這套生態系統

智人展開狩獵採集

由地球生物所建立的絕妙生態系統

植物的光合作用

CO_2（二氧化碳）為植物所吸收

太陽光

排出 O_2（氧氣）

水　光　葉綠體

氧氣 O_2

受光體

H_2

分解

CO_2 反應迴路

能量

水 H_2O　二氧化碳 CO_2　碳化合物

O_2

食物鏈

第二級消費者
以草食動物為食的動物
肉食動物

第一級消費者
直接以生產者所製造的有機物為食的動物
草食動物

生產者
利用無機物產生有機物
植 物

分解者
將生產者與消費者的有機物處理並轉化成無機物的微生物
微生物

枯萎的草木

屍體

排泄物

植物會吸收無機物作為營養素

土壤中的細菌、菌類（酵母、黴菌與蘑菇等）、病毒、微細藻與原生動物（變形蟲與草履蟲等）會分解有機物，化作無機物後返回土壤中

人類與垃圾的歷史
人類在文明揭幕的同時
便面臨了「垃圾問題」

 繩紋人沒有垃圾的概念

　　一般認為人類大約是在距今700萬年前誕生於地球上。而後演化成現今人類的智人則約於20萬年前登場。智人獲得了能思考的大腦，遂而完成一場與其他動物截然不同的進化。

　　我們的祖先長久以來一直過著狩獵採集的生活。為了追捕獵物而不斷移動，因此留下的食物殘渣與排泄物都隨著時間的推移而自然分解。

　　最終，人類開始在糧食富足之處過起半定居的生活。以日本來說，相當於約1萬6,000年前開始的繩紋時代。目前已在這個

智人出現於約20萬年前，持續過著狩獵採集的生活

需要3km²的土地才足以獲得一名成年男性所需的能量。10人左右的群體就需要10倍的土地才能生存

在廣大的空間中，人們的痕跡很快就會回歸土壤，所以不存在垃圾等

此稱為
認知
革命

這些智人
身上產生一個
變化

透過共通的語言將想法傳遞給他人，
獲得了共通的世界觀

進行複雜的思考
從而獲得新的智能

共通的語言 ⟷ 共同的印象

約1萬6,000年前，日本列島上出現了繩紋人的社會，是一個營生較為鬆散的共同體

其結果是

對繩紋人來說，垃圾並不存在。所以繩紋人的貝塚並非垃圾場

考古學家認為，貝塚是將食畢或用畢之物的靈魂送往天堂並祈禱其重生的地方

重生
繩紋人相信生命的循環

請再次化為恩惠
回到我們身邊

 死亡

時代名為「貝塚」的遺跡中發現了貝殼、動物或魚類的骨頭、果實、陶器碎片等。貝塚長期以來都被視為古代的垃圾場，不過近幾年也有人認為該地是性命終結後回歸彼世的神聖之所。繩紋人認為萬事萬物皆是在此世與彼世之間循環，所以應該沒有「垃圾」的概念。

垃圾隨著文明而誕生

垃圾＝不需要之物，這是在人類開始過著農耕生活後才萌生的概念。當人們群體定居於一個地方並飼養動物使其成為家畜，不光是人類，連動物吃剩的食物殘渣與排泄物都漸漸堆積起來。隨著文明的誕生、都市的形成與人口逐漸成長，垃圾也日趨增加。人類的「垃圾問題」自此而生。

農業革命

進入稻田耕作的彌生時代後，人們的社會也發生莫大轉變

除了垃圾外，這場農業革命還催生出邪惡之物

倉庫　畜舍
住所
環濠
稻田

為了守護稻田與住所不受外敵侵擾而於四周挖一圈壕溝，「環濠集落」就此誕生。

河川

人類與動物集中住在狹窄的空間內，一旦排泄物等堆積起來就會成為傳染病之源
出於衛生考量而有必要丟棄穢物，垃圾自此誕生

傳染病

穢物

垃圾的概念因應而生

稻田　水

內 → 外
　疆
　界
外 ← 內

圈定勢力範圍的意識

水　稻田

圈定勢力範圍的意識

強烈的親疏意識

攻擊也是一種防禦

即戰爭的暴力

出現以武力保衛村莊的專門集團

3

人類與垃圾的歷史
於古羅馬萌芽的
衛生觀念與垃圾對策

古代文明與下水道

　　古代人只會將垃圾堆積於空地或廢棄房屋內，並未做好衛生上的措施。人們費最多心思處理的便是人類的排泄物。早在西元前3000年左右，印度河流域文明的都市摩亨約達羅就已經整建了沖洗汙水的下水道，

且家家戶戶都設有沖水式廁所。美索不達米亞文明、邁諾斯文明、中國文明與希臘文明的都市中也都整建了下水道。統御地中海世界的古羅馬則發展出最高超的上下水道技術。

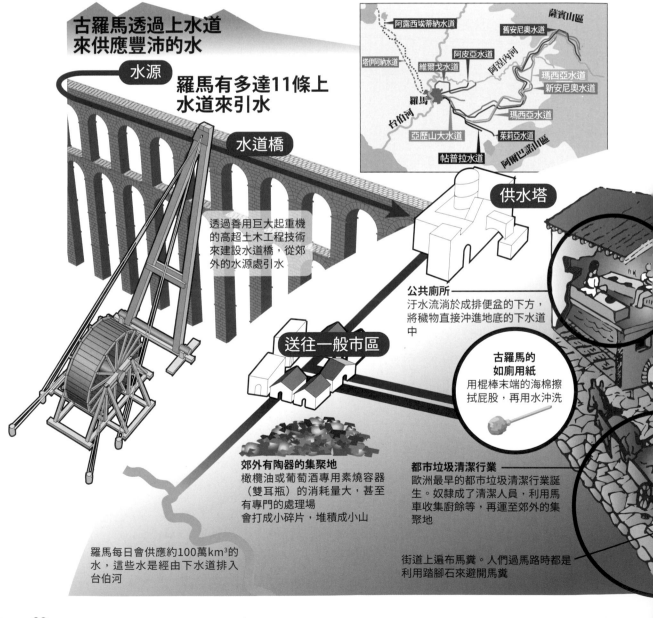

古羅馬透過上水道
來供應豐沛的水

水源

羅馬有多達11條上
水道來引水

水道橋

透過善用巨大起重機的高超土木工程技術來建設水道橋，從郊外的水源處引水

薩賓山區
阿露西埃蒂納水道
舊安尼奧水道
塔伊阿納水道
阿皮亞水道
維爾戈水道
阿涅內河
瑪西亞水道
新安尼奧水道
羅馬
瑪西亞水道
台伯河
亞歷山大水道
茉莉亞水道
帖普拉水道
阿爾巴諾引水
阿爾巴諾山區

供水塔

公共廁所
汙水流淌於成排便盆的下方，將穢物直接沖進地底的下水道中

送往一般市區

**古羅馬的
如廁用紙**
用棍棒末端的海棉擦拭屁股，再用水沖洗

郊外有陶器的集聚地
橄欖油或葡萄酒專用素燒容器（雙耳瓶）的消耗量大，甚至有專門的處理場會打成小碎片，堆積成小山

都市垃圾清潔行業
歐洲最早的都市垃圾清潔行業誕生。奴隸成了清潔人員，利用馬車收集廚餘等，再運至郊外的集聚地

羅馬每日會供應約100萬km³的水，這些水是經由下水道排入台伯河

街道上遍布馬糞。人們過馬路時都是利用踏腳石來避開馬糞

注重公共衛生的古羅馬

古羅馬開始注重人們的健康，認為維持衛生環境是很重要的。為此，首要之務便是整建上下水道。憑藉高超的土木工程技術，從近郊的河川或湖泊引水至首都羅馬，還會供水給公共廁所與公共浴場，並利用來自上水道的豐沛流水加以推送，將髒水沖進下水道。

隨著人口的增加，住宅日益密集，垃圾也愈來愈多。由於有些人會從窗戶丟棄穢物，因此開始禁止垃圾或穢物的非法傾倒，且面向道路的建築物所有者有義務清掃街道。清潔人員會將成堆的垃圾裝進馬車，再運至郊外的垃圾場。

以當時來說，古羅馬在衛生上的考量別具劃時代意義。然而，以長期繁華著稱的羅馬從4世紀左右開始衰落，城鎮就此逐漸荒蕪。

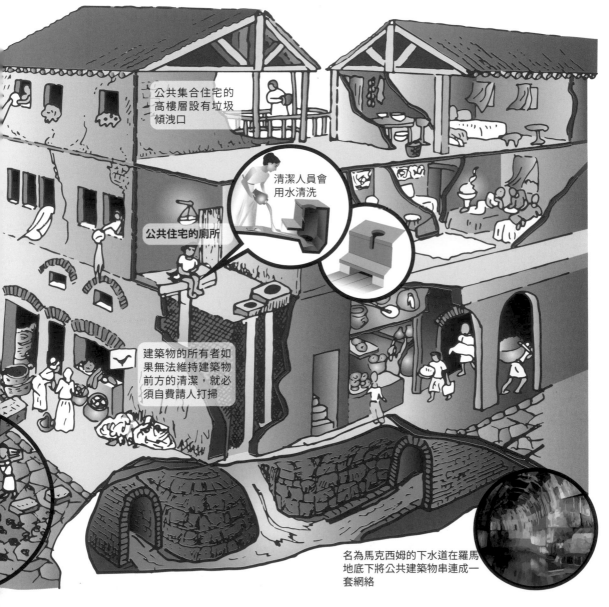

公共集合住宅的高樓層設有垃圾傾洩口

清潔人員會用水清洗

公共住宅的廁所

建築物的所有者如果無法維持建築物前方的清潔，就必須自費請人打掃

名為馬克西姆的下水道在羅馬地底下將公共建築物串連成一套網絡

33

人類與垃圾的歷史

中世紀歐洲所到之處盡是垃圾，骯髒時代延續了上千年

疾病在汙穢不堪的城鎮中蔓延

羅馬帝國衰落後，從北方大規模遷徙而來的日耳曼人相繼建立了國家。日耳曼人並未承繼羅馬的衛生措施。歐洲迎來了「骯髒時代」，其後持續了千年以上。

當時的住宅中沒有廁所，人們都用便桶解決大小便，再與垃圾一起從窗戶往外倒掉。從郊外移居都市的人們把鄉村生活原封不動地帶進來，在過於密集的住宅中飼養家畜也不算罕見。垃圾、穢物、家畜的糞尿與動物的屍體等都被丟棄在鋪有石板路的街道上，散發著惡臭。汙水都在道路上流淌，所以容易滋生病原菌而屢屢爆發傳染病。

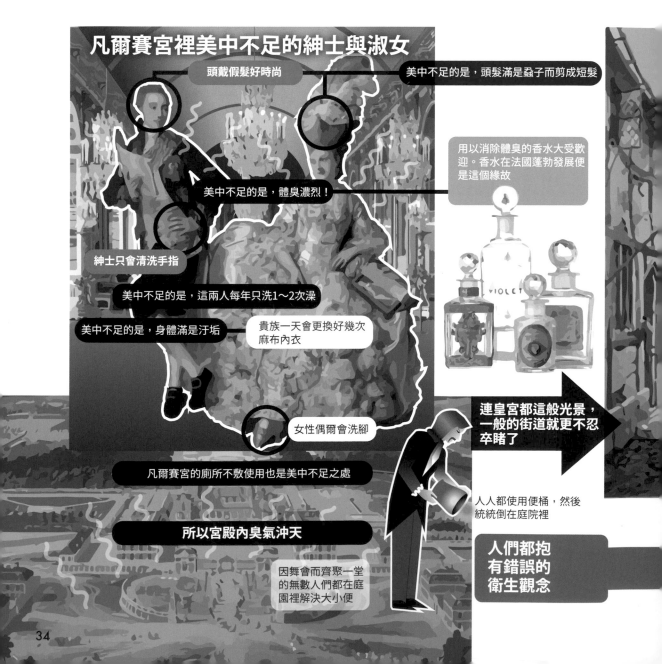

凡爾賽宮裡美中不足的紳士與淑女

頭戴假髮好時尚

美中不足的是，頭髮滿是蝨子而剪成短髮

用以消除體臭的香水大受歡迎。香水在法國蓬勃發展便是這個緣故

美中不足的是，體臭濃烈！

紳士只會清洗手指

美中不足的是，這兩人每年只洗1～2次澡

美中不足的是，身體滿是汙垢

貴族一天會更換好幾次麻布內衣

女性偶爾會洗腳

凡爾賽宮的廁所不敷使用也是美中不足之處

所以宮殿內臭氣沖天

因舞會而齊聚一堂的無數人們都在庭園裡解決大小便

連皇宮都這般光景，一般的街道就更不忍卒睹了

人人都使用便桶，然後統統倒在庭院裡

人們都抱有錯誤的衛生觀念

歐洲的服飾文化乍看之下華麗無比，其實也是骯髒的產物。人們沒有洗澡的習慣，噴香水是為了消除體臭。男性戴假髮是為了遮掩滿頭的蝨子。女性穿長裙是為了在不畏他人目光的情況下解決大小便。據說高跟鞋是為了避開街上穢物的產物。

直到19世紀中葉霍亂大流行，證實遭霍亂弧菌汙染的水為感染源，才開始重新審視這種不衛生的生活。當時的下水道是將汙水直接沖進河川中，因此倫敦的泰晤士河與巴黎的塞納河都充滿穢物。直到19世紀末，才整建完善的近代式下水道，且終於開始關注公共衛生。

中世紀歐洲的都市處處都是垃圾

大家都從窗戶傾倒排泄物

路上因廚餘、糞尿、動物的屍體、泥巴等混在一塊而呈現泥濘狀態

生活垃圾都丟入道路正中央的水溝中

基督教不贊成洗澡

認為羅馬式的澡堂是傷風敗俗之所

婦人在人前暴露肌膚也是傷風敗俗

原本普遍的公共浴場也都被迫關閉

認為傳染病的原因在於洗澡

邪氣　　邪氣

傳染病是因為邪氣入體

只要　洗澡

肌膚的毛孔就會打開

邪氣　　邪氣

邪氣由此入侵

汙垢　　汙垢

因此，只要有汙垢覆蓋肌膚就能安然無恙

直到19世紀末的倫敦霍亂大流行才糾正了這種錯誤的衛生觀念

科學家發現泰晤士河的汙染才是霍亂的原因所在

MONSTER SOUP　THAMES WATER

整建上下水道，藉此阻止了霍亂爆發

LONDON

為什麼？

洗澡是不道德的　　**洗澡會感染霍亂**

35

人類與垃圾的歷史

江戶是一座幾乎沒有廢棄物的回收都市

無用之物全都重複利用

17～18世紀，歐洲仍飽受垃圾與穢物之苦，日本卻在江戶幕府的統治下，實現了舉世無雙的回收型都市。

據說江戶長屋的垃圾場裡頂多只丟棄一些破掉的陶器碎片，其他東西則會全數重複利用。

廢紙會由名為「紙屑商販」的業者收購，重新製成廁所用紙，即現今所說的衛生紙等。一般認為日本早在平安時代就已經展開紙類回收，為全球首創。

同樣的，木屑或舊傘等無用之物都會有各別的專門業者收取。就連在爐灶烹飪後

17～18世紀的江戶是世界上最大的都市

回收業者在江戶十分活躍

鑄掛屋
廚房的鍋釜是貴重物品。由焊補師傅修補孔洞後，繼續珍惜使用

箍屋
當桶子的竹製桶箍鬆動，也會交由桶箍師傅修復

木屐齒入
木屐也一樣，木屐齒磨損後會換上新的木屐齒

提燈張替
修復破損的提燈

也用於造紙業
利用灰燼從製造和紙的木質材料中提取出紙的纖維質

釀酒必備
將木頭燃燒後的灰燼撒在蒸米上，可預防發霉，讓麴菌得以繁殖

化作鉀肥
人糞肥料中所缺乏的鉀成分，對根菜類作物是不可少的

收購灰燼
爐灶的灰燼被廣泛運用於各種產業

江戶幕府所整頓的上水網

這份地圖上沒有標示，但隅田川的右岸地區有個龜有上水

巢鴨
隅田川
千川上水 1696年
大洗堰
關口的水門
神田上水 1590年
本鄉
水道橋
淺草
妙正寺池
善福寺池
井之頭池
千鳥淵
神田
本所
羽村堰
四谷大木戶
江戶城
日本橋
多摩川
玉川上水 1654年
赤坂溜池
三田上水 1664年
青山上水 1660年

箱斗
利用反虹吸技術來消除些微的高低差。多虧了木匠的技能，才能讓木導管內部呈真空狀態

上水道

木導管
耐水且耐腐的檜木或松木製導水管。大多會將中心挖空，使其呈U字形，再以上蓋加以密封

所留下的灰燼或蠟燭熔化後的蠟油都被視為寶貴的資源而有人收購。

垃圾量少也是因為人們會將老舊物品加以改造並珍惜使用。庶民的日常服裝主要都是二手衣。古著屋會收購舊衣物，交由舊衣縫紉店重新縫製再販售。就連破損的鍋釜、木桶、木屐與提燈等都有專門的維修店幫忙修復。

江戶已整建完善且先進的上下水道，但不會把糞尿沖進下水道中，而是以長屋為單位，由農家收購糞尿作為肥料，那些肥料所栽培出的作物可支撐江戶百萬人的飲食，就此形成一個循環型社會。

在江戶，所有無用之物都被視為能換錢的資源而不斷循環，回收再利用也讓經濟得以持續發展。

該都市是一座相當出色的永續都市

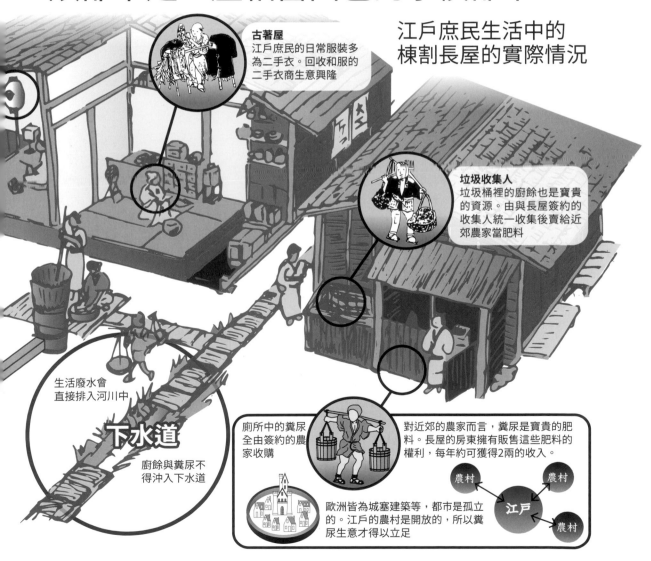

江戶庶民生活中的棟割長屋的實際情況

古著屋
江戶庶民的日常服裝多為二手衣。回收和服的二手衣商生意興隆

垃圾收集人
垃圾桶裡的廚餘也是寶貴的資源。由與長屋簽約的收集人統一收集後賣給近郊農家當肥料

生活廢水會直接排入河川中

下水道

廚餘與糞尿不得沖入下水道

廁所中的糞尿全由簽約的農家收購

對近郊的農家而言，糞尿是寶貴的肥料。長屋的房東擁有販售這些肥料的權利，每年約可獲得2兩的收入。

歐洲皆為城塞建築等，都市是孤立的。江戶的農村是開放的，所以糞尿生意才得以立足

農村　農村　江戶　農村

近代化衍生出新的垃圾問題，化學物質進入大量生產的時代

工業革命導致垃圾大增

英國於18世紀中葉展開的工業革命大大改變了人們的生活。燃燒煤炭可使蒸汽機獲得動力，因而得以在工廠一次製造大量的產品。在此之前，東西壞了就維修，珍惜地用得長長久久是理所當然的。然而，大量生產後，開始有形形色色的商品低價上市，垃圾也隨之增加。

都市人口的成長導致垃圾量增加更多，光靠露天垃圾場已經難以應付。為了一次處理大量垃圾，英國於1874年建造了世界上第一座焚化爐。

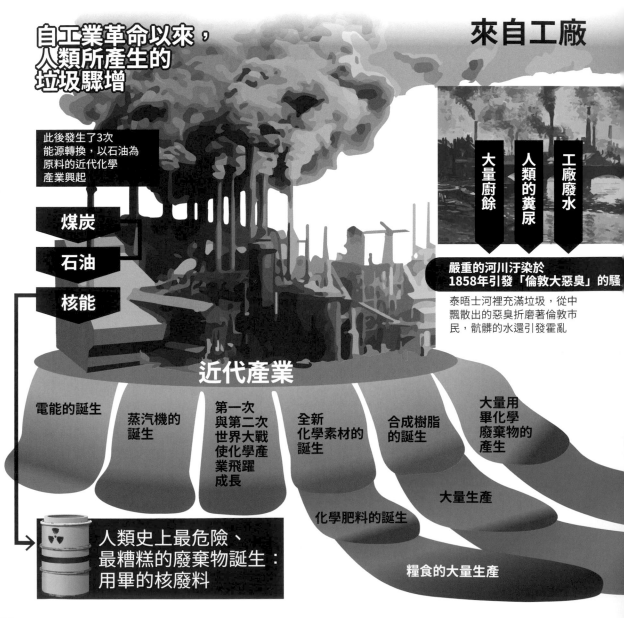

自工業革命以來，人類所產生的垃圾驟增

來自工廠

此後發生了3次能源轉換，以石油為原料的近代化學產業興起

煤炭

石油

核能

大量廚餘

人類的糞尿

工廠廢水

嚴重的河川汙染於1858年引發「倫敦大惡臭」的騷

泰晤士河裡充滿垃圾，從中飄散出的惡臭折磨著倫敦市民，骯髒的水還引發霍亂

近代產業

電能的誕生

蒸汽機的誕生

第一次與第二次世界大戰使化學產業飛躍成長

全新化學素材的誕生

合成樹脂的誕生

大量用畢化學廢棄物的產生

化學肥料的誕生

大量生產

糧食的大量生產

人類史上最危險、最糟糕的廢棄物誕生：用畢的核廢料

化學物質會持續殘留於自然界

隨著產業與技術的發展，也衍生出新的垃圾。人工製造的化學物質便是其中之一。截至目前為止，人工合成的化學物質約有1,000萬種，據說其中逾10萬種是為了商業用途而產生的。有些化學物質在自然界難以分解，會永遠殘留於大氣、水或土壤中，對人體與環境造成不良影響。來自工廠的煤煙或廢水中也含有有害的化學物質。

化學產業在進入20世紀後迅速發展，主要以石油為原料，製造出各式各樣的化學產品。尤其是兩次世界大戰，加速了化學產業的發展，為了軍事用途而開發出各種合成素材，作為稀缺天然素材的替代品，比如聚乙烯或尼龍等塑膠。

的煤煙遮覆天空 ➡ 開啟地球暖化

資本主義的興起

工業都市誕生且人口急遽增加

⬇

出現新的都市問題：骯髒的都市與傳染病的爆發

此圖將泰晤士河描繪成一條死神棲身的河流

塑膠製品的氾濫

大量消費與大量廢棄的生活型態

人類的歷史與全球廢棄物產生量

來源：日本環境省循環型社會推動室的推算

自工業革命以來遽增的廢棄物

工業革命

廢棄物量（單位：100萬噸）

人口（單位：100萬人）

6,000
5,000
4,000
3,000
2,000
1,000
0

0　200　400　600　800　1000　1200　1400　1600　1800　2000(年)

公害的發生　詳見 p40~41

氾濫的垃圾山

Part 2

⑦

人類與垃圾的歷史

戰後經濟成長所衍生出的公害與垃圾之戰

追究企業在公害方面的責任

第二次世界大戰後，日本振興了經濟，並於1950年代後半至1970年代前半期間迎來了高度經濟成長期。工業區裡的工廠冒出滾滾濃煙，未經處理的廢水則排入河川之中。這便是人類產業活動所製造出的全新垃圾型態。肉眼看不見的化學物質散布於大氣或水中，開始帶來嚴重的災害。水俁病、痛痛病與四日市哮喘等公害病使許多人飽受折磨，從而開始追究企業的責任。

從直接掩埋到焚燒

在高度經濟成長期，都市垃圾也急速

1971年爆發 江東區VS杉並區的 東京垃圾戰爭

1 東京都的垃圾都集中於江東區的夢之島

2 夢之島出現成群蒼蠅，利用直升機來噴灑殺蟲劑

3 成群蒼蠅入侵江東區

4 江東區居民激憤。要求別再把垃圾運入，請各區自行處理

5 杉並區居民針對高井戶焚燒設施建設案發起反對運動

6 江東區居民對杉並區的反對運動憤怒不已

7 江東區居民開始阻止垃圾運入

杉並區居民最終還是妥協，高井戶的焚燒設施得以完成，真是可喜可賀？

垃圾皆予以掩埋 ➡ 垃圾應予以焚燒

東京23區的垃圾都集中於江東區

足立區 / 北區 / 練馬區 / 荒川區 / 葛飾區 / 豐島區 / 文京區 / 台東區 / 墨田區 / 中野區 / 新宿區 / 千代田區 / 江戶川區 / 杉並區 / 澀谷區 / 中央區 / 江東區 / 世田谷區 / 港區 / 目黑區 / 品川區

為什麼只有我們要承受這種痛苦？

夢之島
自1957年起成為東京都的垃圾掩埋場，為前14號掩埋場。是挪用戰前的機場建設地，當時被規劃成海灘渡假村而被稱為「夢之島」。於1967年完成填埋工程，如今有公園、熱帶植物館與運動設施

增加，但當時的焚燒設施尚少，大部分的垃圾都是直接丟棄在掩埋場。人口集中的東京都則是將23區的垃圾都載運至江東區的掩埋場，周邊居民為惡臭、成群蒼蠅以及頻繁往返的卡車所苦。因此，東京都打算在都內各處建設焚燒設施，但杉並區反對建設的運動卻愈演愈烈。後來甚至演變成一場大騷動：江東區拒絕讓杉並區的垃圾運入。

　　這一連串的騷亂被稱為「東京垃圾戰爭」，此後，垃圾先燒再埋的處置方式在日本蔚為主流。然而，到了1980年代以後，

垃圾又進一步增加了。掩埋場不足、垃圾的非法傾倒、燃燒設施產生類戴奧辛物質等，各種問題接踵而至。直到1990年代才終於開始推動回收以避免淪為垃圾的物品繼續增加。

阪神工業區
空氣汙染
尼崎市與大阪市西淀川區的空氣汙染。大工業區所排出的二氧化硫與氮氧化物令居民痛苦不堪

1963年，當時阪神工業區的空氣汙染

從明治末期開始發病　神通川流域
痛痛病
來自三井神岡礦山的廢水所引發的鎘中毒。因為會導致全身疼痛而被稱為痛痛病

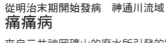

4大公害病

面向神通川的神岡礦山

1965年（昭和40年）阿賀野川流域
新潟水俁病
昭和電工公司排放的廢水於該流域引發了水俁病

4大公害病

阿賀野川流經昭和電工公司旁邊

日本在這個時期可謂公害列島

1953年（昭和28年）水俁灣沿岸
水俁病
新日本窒素肥料公司（當時的名稱）所排放的水銀，在水俁的漁民間引發怪病，即汞中毒。人們試圖釐清這種水俁病的發病原因，企業與自治體卻橫加阻撓。經過多年的原因探究，釐清了水俁病是一種企業犯罪而提出訴訟。這是日本公害病的患者在歷經漫長道路後獲得救助的典型案例

4大公害病

昭和35年，當時的新日本窒素肥料工廠

空氣汙染

東京

水質汙濁

昭和54年，遮蔽東京的空氣汙染被稱為霧霾（smog）
取自昭和54年版的環境白皮書

昭和54年，汙濁冒泡的神田川
同上，取自環境白皮書

1960年（昭和35年）四日市市
四日市哮喘
臨海的石油聯合企業開始營運不久，市民便出現嚴重的哮喘。由於公司與自治體重視工業生產而延誤處理，導致受害擴大。

戴著口罩上學的兒童　取自四日市市的官網

4大公害病

人類與垃圾的歷史

塑膠登場
與一次性容器包裝垃圾的氾濫

便利生活所產生的塑膠垃圾

　　家庭是從第二次世界大戰後的1950年代開始使用塑膠製品。塑膠是以石油製成的人工素材，可以賦予各種功能。便宜又方便的塑膠被用來製成玩具、食品容器與纖維等，逐漸在世界各地普及開來。

　　此外，自助式超級市場在同一時期於世界各地持續擴展。這種由購買者從成排琳瑯滿目的商品中自行挑選的購物模式，將原本只是盛裝物的產品包裝變成一種吸引目光的宣傳材料。初期的包裝主要是紙製品，但隨著印刷技術的提升，也開始可以印刷在塑膠製的薄膜上。塑膠具有保護食品不受空氣

對人類需求因應自如的
塑膠製品改變了我們的生活

石油產業創造出「夢幻的素材」：塑膠

聚氯乙烯		
不易燃且耐用	橡皮擦	玩具	唱片
高密度聚乙烯		
耐衝擊且耐藥品	瓶狀容器	塑膠桶	塑膠袋
低密度聚乙烯		
比水輕且柔軟	拉鍊袋	食品容器蓋	美乃滋容器
聚丙烯		
有光澤且不易燃	透明食物托盤	瓶狀容器	沐浴用具
聚苯乙烯		
衛生且防水	保麗龍箱	保麗龍托盤	電視與電腦的外殼
聚對苯二甲酸乙二酯		
透明且耐用	蛋盒	手套	寶特瓶

塑膠業界回應了物流的需求

色彩繽紛的一次性塑膠
容器包裝因應而生

希望是能一眼展現商品特色且顯眼的包裝，以便顧客挑選商品

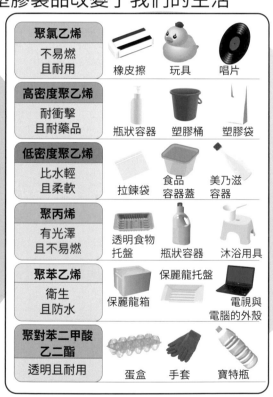

商品皆以當面秤重計價的方式販售

顧客告知銷售人員需要的商品並只購買需要的量

超級市場的出現催生出塑膠容器包裝

1930年代誕生於美國的超級市場是採取自助式購物。顧客必須自己尋找商品

或濕氣影響而可長期維持品質的功能，所以食品類特別少不了塑膠包裝。

1970年代，日本出現了速食店，塑膠製的杯子與湯匙等用完即丟；1980年代，便利商店與微波爐開始普及，耐熱容器也隨之登場。寶特瓶飲料也是在這個時期開始普及的。

進入21世紀後，塑膠製容器包裝日益增加。然而，這些全在購買後立刻成了垃圾，一部分流入海中，無法自然分解而永遠殘留下來。塑膠是一種優秀的素材，持續回

應人們追求便利生活的心聲。然而，如今我們開始質疑這些使用方式。

塑膠包裝的基礎技術：阻氣材料誕生

乙烯-乙烯醇共聚物（EVOH）是阻氣性出色的素材

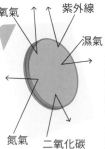

氧氣　紫外線
濕氣
氮氣　二氧化碳

食品一旦接觸到了氧氣、氮氣或濕氣，品質就會變差。塑膠包裝將內容物與外部氣體隔絕開來，發揮防止變質的重要作用。EVOH具有比其他素材優秀千倍的氧氣阻隔力

殺菌袋的開發

於1950年代展開軍用食品的技術研究，日本也於1960年代開始研究

於1967年利用鋁箔與塑膠的層壓材料製成殺菌袋

塑膠
鋁箔
食品

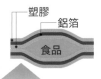

食品專用膜誕生

保鮮膜誕生

將薄膜捲於紙筒上並放入盒中所製成的保鮮膜是從1952年開始販售

旭化成公司於1960年代開始在日本販售

連原本散裝販售的生鮮食品也是

放在保麗龍盤上，再以薄膜包覆

家庭中充斥著一次性的塑膠容器包裝

進入大量生產與大量消費的時代

塑膠業界透過技術革新來回應這些需求

日本於1982年解除用寶特瓶盛裝飲料的禁令

物流與銷售業界萌生出各種需求

希望能長期保存食品

長期保管

長途運輸

常溫保存經過烹調的食品簡化烹調

利用冰箱存放食物以保新鮮

冰箱於1970年代普及開來

需要能代替玻璃瓶的簡便瓶子

易碎

沉重

人類與垃圾的歷史

垃圾所產生的溫室氣體
是地球暖化的原因之一

焚燒與回收都會產生 CO_2

地球暖化如今已然成為全球規模的大問題。如下方插圖所示，拜溫室氣體所賜，地球才得以維持對生物而言舒適的氣溫。然而，自工業革命以來，由於人類的各種產業活動開始過度排放溫室氣體，導致氣溫不斷

上升。據預測，如果氣溫再這樣繼續上升，地球的氣候將會失衡，陷入無法挽回的危機狀況。

現在垃圾處理已經成為地球暖化的原因之一。

眾所周知，二氧化碳（CO_2）是較具代表性的溫室氣體，垃圾焚化設施與載運垃

溫室氣體與地球暖化的機制

溫室氣體

不斷反覆紅外線的再度放射，這期間所產生的熱能便會使地球升溫

1 太陽光＝電磁波
從太陽灑落在地球上

4 紅外線會震動大氣中溫室氣體的分子一震動就會產生熱能而放射出紅外線

溫室氣體

6 在大氣中不斷反覆步驟**4**

再度放射出紅外線

紅外線

3 地表升溫後會放射出紅外線

5 在地表上不斷反覆步驟**2**

2 電磁波一接觸到地球表面，會晃動地表物質的基本粒子而產生熱能

坂的卡車都會產生CO_2。日本每年所排放的CO_2中，有2.8%是來自垃圾，大家可能會覺得不多，但實際數量卻高達約3,000萬噸。

此外，垃圾掩埋場與廢水處理廠也會產生甲烷（CH_4）。甲烷的產生量比CO_2少，但是溫室效應卻是CO_2的25倍之多。不僅如此，一氧化二氮（N_2O）的溫室效應更高，約為CO_2的300倍。除了農業用肥料外，垃圾焚化設施與廢水處理廠也會產生N_2O。

回收也不例外。燃燒煤炭或石油來發電會產生CO_2，所以如果在回收過程中使用電力，也會促進暖化。

人類製造出自然界不存在的「垃圾」，並為了處理這些垃圾而疲於奔命，但不應只著眼於眼前的垃圾，是時候從地球整體環境來考量了。

溫室氣體與廢棄物的關係

來源：日本環境省「關於2019年度的溫室氣體排放量（初步統計數）」

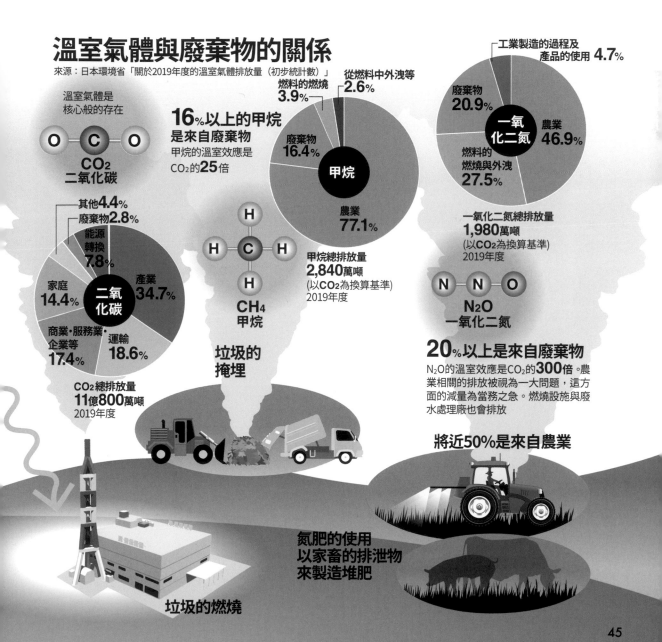

溫室氣體是核心般的存在

CO_2 二氧化碳

16%以上的甲烷是來自廢棄物
甲烷的溫室效應是CO_2的25倍

其他 4.4%
廢棄物 2.8%
能源轉換 7.8%
產業 34.7%
家庭 14.4%
二氧化碳
商業·服務業·企業等 17.4%
運輸 18.6%

CO_2總排放量 **11億800萬**噸
2019年度

CH_4 甲烷

垃圾的掩埋

燃料的燃燒 3.9%
從燃料中外洩等 2.6%
廢棄物 16.4%
甲烷
農業 77.1%

甲烷總排放量 **2,840**萬噸
（以CO_2為換算基準）
2019年度

工業製造的過程及產品的使用 4.7%
廢棄物 20.9%
一氧化二氮
燃料的燃燒與外洩 27.5%
農業 46.9%

一氧化二氮總排放量 **1,980**萬噸
（以CO_2為換算基準）
2019年度

N_2O 一氧化二氮

20%以上是來自廢棄物
N_2O的溫室效應是CO_2的300倍。農業相關的排放被視為一大問題，這方面的減量為當務之急。燃燒設施與廢水處理廠也會排放

將近50%是來自農業

氮肥的使用
以家畜的排泄物來製造堆肥

垃圾的燃燒

追蹤垃圾的去向

世界各地所採取的垃圾處理方式是焚燒還是回收？

🔄 日本的焚燒量格外地多

世界各國是如何處理垃圾的呢？以全球整體來看，以「掩埋」（36.7%）最多，而「曠野傾棄（Open Dump）」（33%）次之。將垃圾堆放在戶外的曠野傾棄常見於

世界各地實施的各種垃圾處理方式

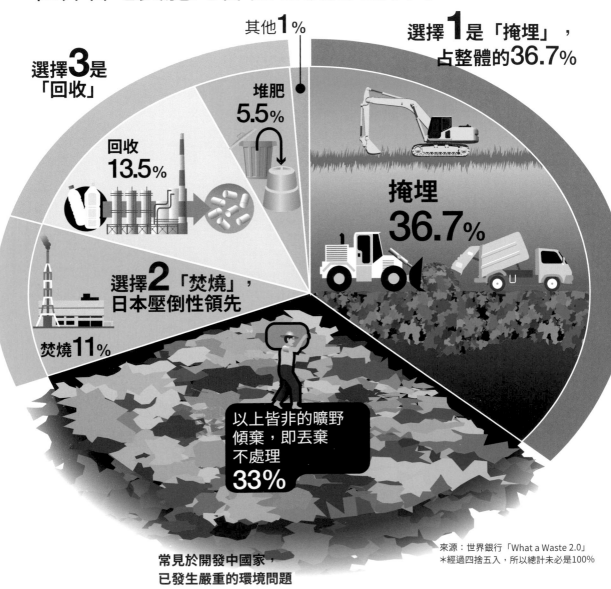

其他 1%

選擇 **1** 是「掩埋」，占整體的 36.7%

選擇 **3** 是「回收」

堆肥 5.5%

回收 13.5%

掩埋 36.7%

選擇 **2**「焚燒」，日本壓倒性領先

焚燒 11%

以上皆非的曠野傾棄，即丟棄不處理 33%

常見於開發中國家，已發生嚴重的環境問題

來源：世界銀行「What a Waste 2.0」
＊經過四捨五入，所以總計未必是100%

開發中國家，有衛生方面的問題，希望能有所改善。另一方面，在日本為主流的「焚燒」卻意外地少，只有11%。

下方圖表比較了參加OECD（經濟合作暨發展組織）的主要已開發國家，亦可看出，唯有日本與北歐諸國的「焚燒」比例超過5成。然而，北歐會將焚燒所產生的熱能有效利用於發電或地區的暖氣，相較之下，日本的焚燒是以減少垃圾為主要目的，熱能利用是次要的。此外，幅員廣闊的美國與加拿大等國則以「掩埋」為主。推動回收政策的韓國與歐洲各國則是以垃圾再生的「回收」與「堆肥（compost）」的比例較高。

如此看來，日本的焚燒率超過7成而回收率不滿2成，在已開發國家中可說是特例吧？

全球主要國家的垃圾處理與回收的進度為何？

參考：OECD（2018年）

	回收	堆肥	焚燒（能源回收）	單純焚燒	掩埋	其他

	回收	堆肥	焚燒（能源回收）	單純焚燒	掩埋	其他
韓國	59.2	0.8	23.7	1.6	14.7	
德國	49.5	17.8		30.8	0.5	1.2 (0.2)
丹麥	31.3	16.7	51.2			0.9
瑞士	30.9	21.6	47.5			
瑞典	29.9	15.9	53.5			0.7
芬蘭	29.1	13.1	57.0		0.03	0.7
澳洲	28.0	17.7	53.8			0.3
英國	27.1	16.8	37.9	1.1	14.4	2.7
美國	25.1	10.0	12.7		52.1	
法國	25.1	18.9	34.8	0.3	20.9	
加拿大	19.5	7.6	4.0		69.3	
日本	19.8	0.4	73.7		5.1	0.98

全球的垃圾處理方式會展現出該地區的特色

1 曠野傾棄在開發中國家已衍生出社會問題

開發中國家的垃圾場周邊出現貧民窟，已造成嚴重的環境問題

2 兩個焚燒大國的實際情況南轅北轍

瑞典從1904年開始透過垃圾發電來實現地區的熱能供應。
日本卻只將垃圾焚化爐的熱能用於溫水池等，並未展開積極的發電事業

3 土地狹窄的歐洲致力於擺脫掩埋方式

歐洲各國難以確保掩埋垃圾的土地，且會成為有害物質的來源，故而傾盡心力於垃圾回收

4 土地廣闊的國家當然以掩埋為主

美國、加拿大、俄羅斯與中國的掩埋占了50%以上

追蹤垃圾的去向
日本的垃圾都去了哪裡？
從家庭到最終處置場

燃燒減量後再掩埋

根據日本環境省的調查，2019年度日本國內所排出的一般垃圾約為4,274萬噸。這相當於約115座東京巨蛋，意即每人每日約製造出918公克的垃圾。這些一般垃圾中，店家或企業等所排出的商業類垃圾（產業廢棄物除外）約1,302萬噸。剩餘的7成左右約為2,971萬噸，則是來自家家戶戶的垃圾。

那麼，我們家庭所排出的垃圾都是如何處理的呢？垃圾處理是由各自治體所負責，因此多少會因地區而有所不同，不過下圖描繪出其概略。

試著追蹤我們的垃圾的去向吧

參考：日本環境省「一般廢棄物處理事業實際情況調查的結果（令和元年）」

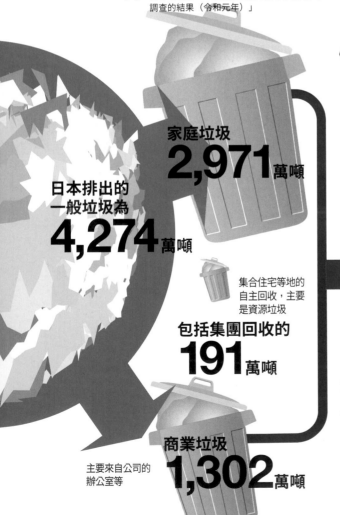

日本排出的一般垃圾為
4,274 萬噸

家庭垃圾
2,971 萬噸

集合住宅等地的自主回收，主要是資源垃圾

包括集團回收的
191 萬噸

商業垃圾
1,302 萬噸

主要來自公司的辦公室等

可燃垃圾

不可燃垃圾

大型垃圾

資源垃圾
約 **188** 萬噸

瓶罐　鋼罐　鋁罐
塑膠　紙類　寶特瓶

在丟出前先分類

大致來說，我們所排出的垃圾會經過分類、回收、中間處理與最終處置（掩埋）這樣的流程。

首先是由各家庭分類成「可燃垃圾」、「不可燃垃圾」與「資源垃圾」等。這之中的資源垃圾會透過自治體或地區集團的回收作業運至回收設施，進行再利用或再生。其他垃圾則運至地區的垃圾處理設施，進行中間處理。所謂的中間處理是指燃燒或粉碎等，為的是盡量減少最終掩埋的垃圾。日本約莫8成的垃圾會集中送進焚燒設施中燒掉。

燃燒垃圾並非終點。燃燒後所留下的灰燼，會與既不可燃亦無法回收的垃圾一起掩埋於最終處置場。2019年度以此法最終處理掉的垃圾約為380萬噸。這意味著減量至最初垃圾總量的9%左右。

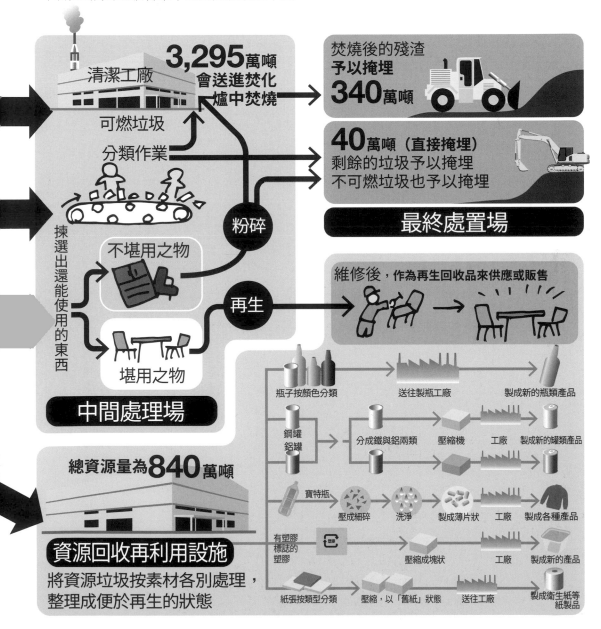

清潔工廠　**3,295**萬噸會送進焚化爐中焚燒

可燃垃圾

分類作業

粉碎

揀選出還能使用的東西

不堪用之物

再生

堪用之物

中間處理場

總資源量為**840**萬噸

資源回收再利用設施
將資源垃圾按素材各別處理，整理成便於再生的狀態

焚燒後的殘渣予以掩埋 **340**萬噸

40萬噸（直接掩埋）
剩餘的垃圾予以掩埋
不可燃垃圾也予以掩埋

最終處置場

維修後，作為再生回收品來供應或販售

瓶子按顏色分類　送往製瓶工廠　製成新的瓶類產品

鋼罐鋁罐　分成鐵與鋁兩類　壓縮機　工廠　製成新的罐類產品

寶特瓶　壓成細碎　洗淨　製成薄片狀　工廠　製成各種產品

有塑膠標誌的塑膠　壓縮成塊狀　工廠　製成新的產品

紙張按類型分類　壓縮，以「舊紙」狀態　送往工廠　製成衛生紙等紙製品

追蹤垃圾的去向

日本為世界第一大垃圾焚化國，焚燒的機制與問題點

焚燒亦可用於發電

全球有超過2,000座垃圾焚化設施，其中有1,067座設施位於日本（截至2020年3月底）。日本是擁有過半全球焚燒設施的焚燒大國。

如p40～41所示，日本的垃圾處理歷史與其他各國一樣，都是先從掩埋開始，然後因為人口增加與公害問題而逐漸改以焚燒為主。

焚燒具有可衛生地處理垃圾、可大量處理種類繁多的垃圾，以及可將餘熱用於發電或熱利用方面等優點。尤其是近年來，世界各地開始轉移目光，利用焚燒垃圾所產生

全球有超過2,000座垃圾焚化爐
其中有1,067座位於日本

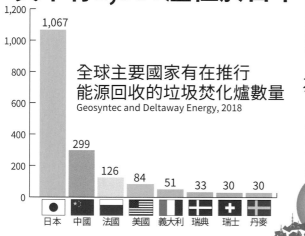

全球主要國家有在推行能源回收的垃圾焚化爐數量
Geosyntec and Deltaway Energy, 2018

日本	中國	法國	美國	義大利	瑞典	瑞士	丹麥
1,067	299	126	84	51	33	30	30

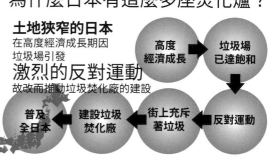

歐美有使用廚餘製成堆肥的傳統

堆肥　運至田裡

為什麼日本有這麼多座焚化爐？

土地狹窄的日本
在高度經濟成長期因垃圾場引發
激烈的反對運動
故改而推動垃圾焚化廠的建設

高度經濟成長 → 垃圾場已達飽和 → 反對運動 → 街上充斥著垃圾 → 建設垃圾焚化廠 → 普及全日本

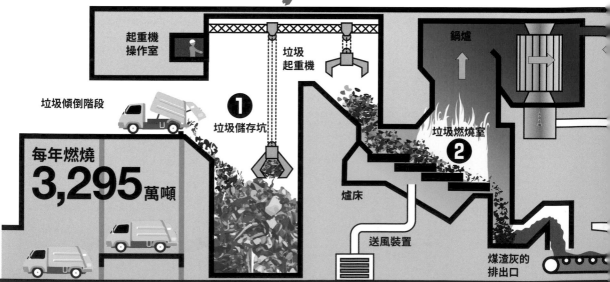

起重機操作室

垃圾起重機

鍋爐

垃圾傾倒階段

❶ 垃圾儲存坑

垃圾燃燒室 ❷

每年燃燒
3,295 萬噸

爐床

送風裝置

煤渣灰的排出口

的能量來作為化石燃料的替代熱源。日本亦然，垃圾焚化設施約36%用於發電、約33%用來為溫水池與暖氣等供應熱能，但是與歐洲各國相比，利用效率還很低。

24 小時不停歇的焚化爐

下圖呈現出焚燒垃圾的機制。某一個時期曾發生焚燒垃圾產生類戴奧辛等有害物質而引發大問題，不過如今已導入處理有害物質的技術。然而，這並不表示焚燒垃圾的問題點已經消失。

日本的一般垃圾中，廚餘占了約4成。廚餘含水量高而不易燃燒，因此需要額外的燃料。此外，焚化爐一旦停止，重新啟動相當費時，故而產生矛盾：時刻需要垃圾以維持其24小時的運作。不僅如此，設施的建設與營運所需成本十分可觀也是焚燒的缺點之一。

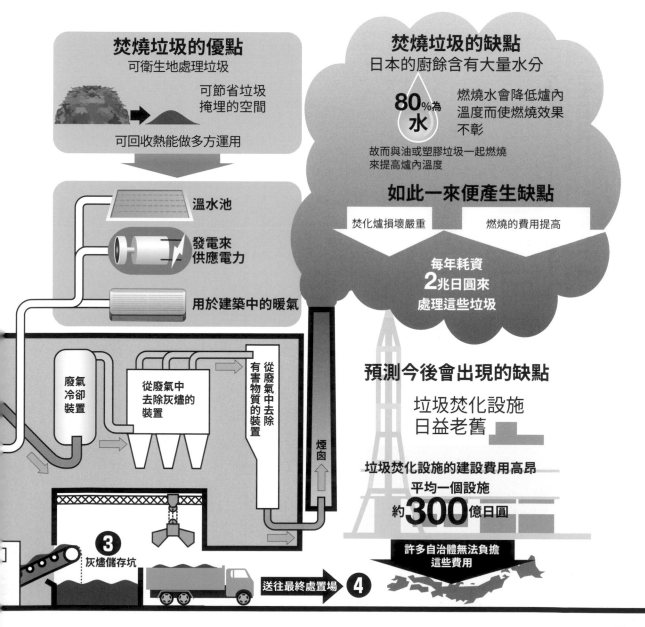

焚燒垃圾的優點
可衛生地處理垃圾
可節省垃圾掩埋的空間
可回收熱能做多方運用

溫水池
發電來供應電力
用於建築中的暖氣

焚燒垃圾的缺點
日本的廚餘含有大量水分

80%為水
燃燒水會降低爐內溫度而使燃燒效果不彰

故而與油或塑膠垃圾一起燃燒來提高爐內溫度

如此一來便產生缺點

焚化爐損壞嚴重　　燃燒的費用提高

每年耗資 2兆日圓來處理這些垃圾

預測今後會出現的缺點

垃圾焚化設施日益老舊

垃圾焚化設施的建設費用高昂

平均一個設施約 **300** 億日圓

許多自治體無法負擔這些費用

廢氣冷卻裝置
從廢氣中去除灰燼的裝置
從有害廢氣中去除有害物質的裝置
煙囪

❸ 灰燼儲存坑
送往最終處置場 ❹

追蹤垃圾的去向

掩埋是垃圾的最終處置方式，日本再過20年左右就會瀕臨極限

納入管理的現代掩埋法

掩埋是最古老的垃圾處理方式。如今掩埋法在國土廣袤的美國、加拿大、澳洲、中國與俄羅斯等國仍是主流。

日本過去也曾以掩埋為主，不過現在是透過焚燒與回收來減少垃圾量，唯有無可避免會殘留下來的垃圾才會予以掩埋。

目前的掩埋處理場都費盡各種巧思來避免汙染環境。垃圾運進來後，會與土壤交互堆疊在一起，以防止惡臭或飛散。垃圾腐爛後會產生氣體，有火災或爆炸的危險，所以還要進行排氣處理。此外，一旦下雨，垃圾所含的有害物質會溶解，滲出水流出來，

世界各地最終處置場的各種型態

曠野傾棄
將垃圾傾倒於低窪濕地不做其他處理
開發中國家大多採用此法

詳見
p62~63

傾倒掩埋處理場
將廢棄物傾倒於低窪地區，隨後用土掩埋
日本長久以來也是採取此法

垃圾送抵最終處置場

管理型處理場
日本目前的最終處置場的標準形式
此系統是透過好氧性分解讓垃圾發熱並分解

穩定型處理場
處理金屬、玻璃、橡膠與瓦礫碎屑等不像廚餘般含有有機物的產業廢棄物

封閉型處理場
歐美一般是採取此法。將垃圾遮擋並加以封存，避免受到雨水等外部的影響。需要較長時間來分解垃圾

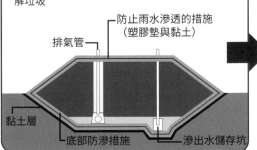

防止雨水滲透的措施
（塑膠墊與黏土）

排氣管

黏土層

底部防滲措施　　滲出水儲存坑

近年來持續
摸索新的系統

↓

脫掩埋方式
另評估了焚燒並回收熱能來發電的方式

日本的標準處理場是採取這種機制：
準好氧性掩埋法

這套處理系統是透過需要氧氣來發酵並分解有機物的好氧菌來分解已掩埋的垃圾。利用垃圾發酵所產生的熱能讓掩埋場內部的空氣對流。不具備從外部直接送風的系統，所以稱為準好氧性

日本最終處置場的整體構造

滲出水處理設施

將空氣送入掩埋垃圾中的機制
讓滲出水匯集排放管接觸外部氣體，將空氣送入掩埋場內部。在這些空氣的作用下，可促進內部好氧菌進行生物分解，降低滲出水的汙染程度

因此會在底部全面鋪上墊子以防止滲漏。不僅如此，還會將滲出水匯集起來，在處理設施中淨化後再排入河川等處。

歐盟的目標是擺脫掩埋方式

掩埋最大的問題在於可處理的垃圾量有限。日本全國有1,620座掩埋處理場，但預測平均21.4年就會瀕臨飽和。在國土狹窄的日本很難確保新的用地，為了延長處理場的使用年限，必須減少垃圾量。

與日本一樣國土狹窄的歐洲各國也面臨同樣的困境。如今整個歐盟的垃圾有24%是以掩埋處置。歐盟提出了於2035年前將這個數字降至10%的目標，並往擺脫掩埋方式的方向展開行動。

日本有1,620座最終處置場（2019年度）。其最大的問題在於，再過20年左右這些處理場就會瀕臨極限

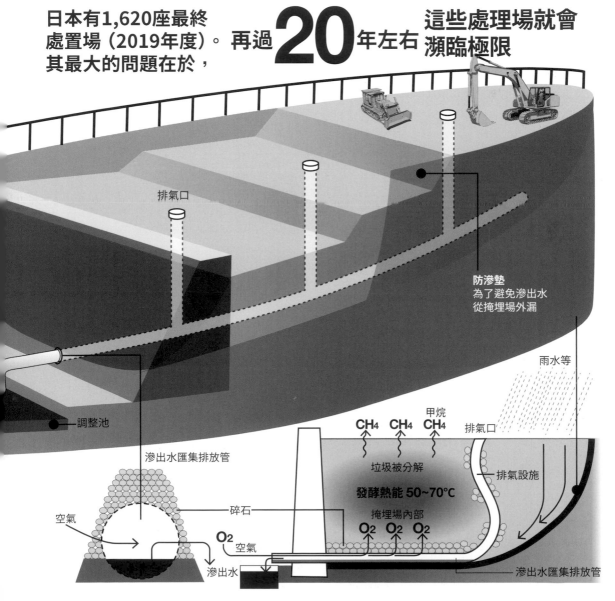

排氣口

防滲墊
為了避免滲出水從掩埋場外漏

調整池

滲出水匯集排放管

雨水等

空氣

碎石

O_2
空氣

滲出水

CH_4 CH_4 CH_4 甲烷

排氣口

垃圾被分解

發酵熱能 50~70°C

掩埋場內部

O_2 O_2 O_2

排氣設施

滲出水匯集排放管

Part 3

5

追蹤垃圾的去向

主張推動回收的
歐盟與韓國的應對之策

歐盟目標是超過 50% 的回收率

垃圾的回收始於1970年代，主要是在歐美，如今各式各樣的東西都能再利用或再生，比如金屬、紙、玻璃、電器用品、電子機器與塑膠等。

回收在歐洲各國特別盛行。歐盟自1999年管制垃圾掩埋以來，便開始推動回收。2019年，以德國的67%為首，歐盟28個國家中已有8個國家達成50%以上的回收率。有別於日本，其特色在於是由專門業者而非居民來進行垃圾分類，試圖追求合理性並符合經濟效益。

🇰🇷 韓國食品廢棄物的回收率達成**95**%的過程
接二連三祭出引導人們進行回收的措施

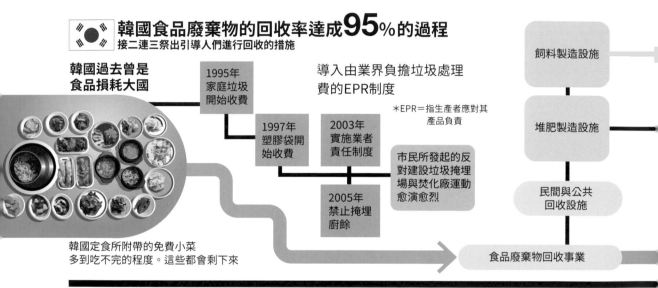

韓國過去曾是食品損耗大國

韓國定食所附帶的免費小菜
多到吃不完的程度。這些都會剩下來

1995年 家庭垃圾開始收費

1997年 塑膠袋開始收費

導入由業界負擔垃圾處理費的EPR制度

2003年 實施業者責任制度

＊EPR＝指生產者應對其產品負責

2005年 禁止掩埋廚餘

市民所發起的反對建設垃圾掩埋場與焚化廠運動愈演愈烈

飼料製造設施

堆肥製造設施

民間與公共回收設施

食品廢棄物回收事業

🇪🇺 歐盟堅持的垃圾處理的基本理念
垃圾不掩埋！不錯過可分類回收的物品!!

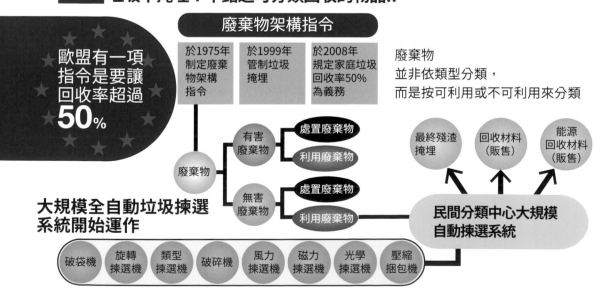

歐盟有一項指令是要讓回收率超過**50**%

廢棄物架構指令

於1975年制定廢棄物架構指令

於1999年管制垃圾掩埋

於2008年規定家庭垃圾回收率50%為義務

廢棄物並非依類型分類，而是按可利用或不可利用來分類

廢棄物

有害廢棄物 → 處置廢棄物 / 利用廢棄物

無害廢棄物 → 處置廢棄物 / 利用廢棄物

大規模全自動垃圾揀選系統開始運作

破袋機 旋轉揀選機 類型揀選機 破碎機 風力揀選機 磁力揀選機 光學揀選機 壓縮捆包機

民間分類中心大規模自動揀選系統

最終殘渣掩埋

回收材料（販售）

能源回收材料（販售）

韓國的廚餘回收率高達 95%

另一方面，亞洲回收率最高的是韓國。韓國從1990年代起便致力於減少在一般垃圾中占較高比例的廚餘。於2005年禁止掩埋廚餘，試圖建設焚化爐，卻因市民的強烈反對而打消此念，轉而推動廚餘回收。人們有義務針對家庭或餐飲店所產生的廚餘進行分類，放入收費的指定袋或貼有收費標籤的容器中再丟出。匯集的廚餘會回收，作為家畜的飼料或堆肥。透過這樣的措施，如今廚餘的回收率已達95%。一般垃圾的整體回收率也達到6成左右。

無論是歐盟還是韓國，都從掩埋轉移至回收，相對於此，日本卻因為錯綜複雜的情況而長期推動焚燒。儘管垃圾分類做得徹底，也具備優良的回收系統，日本的回收率卻很低，只有2成左右，便是這個緣故。

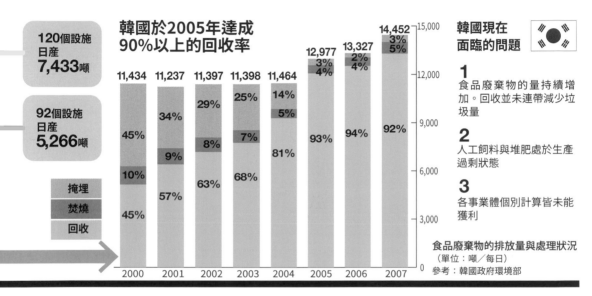

120個設施
日産
7,433噸

92個設施
日産
5,266噸

掩埋
焚燒
回收

**韓國於2005年達成
90%以上的回收率**

	2000	2001	2002	2003	2004	2005	2006	2007
總量	11,434	11,237	11,397	11,398	11,464	12,977	13,327	14,452

**韓國現在
面臨的問題**

1
食品廢棄物的量持續增加。回收並未連帶減少垃圾量

2
人工飼料與堆肥處於生產過剩狀態

3
各事業體個別計算皆未能獲利

食品廢棄物的排放量與處理狀況
（單位：噸／每日）
參考：韓國政府環境部

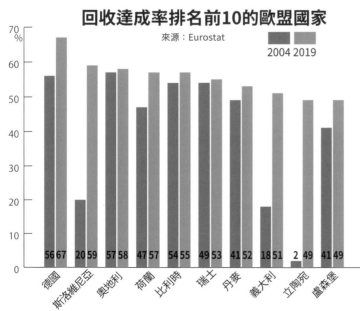

回收達成率排名前10的歐盟國家

來源：Eurostat
2004 2019

德國	斯洛維尼亞	奧地利	荷蘭	比利時	瑞士	丹麥	義大利	立陶宛	盧森堡
56 67	20 59	57 58	47 57	54 55	49 53	41 52	18 51	2 49	41 49

**寶特瓶回收奠定了
押金制度**

以德國為首的歐盟各國，寶特瓶飲料的價格都會加上資源回收費

**瑞典透過廢棄物來
供應暖氣**

在全國30個焚燒中心處理50%的廢棄物，用以供應全國20%的暖氣用能源

**德國67%的回收率也是受到
地產地銷的影響**

德國的地區獨立性高，食品的地產地銷已十分成熟。德國人熱愛的啤酒也都是在各地區釀造，使用可回收（再利用）的瓶子作為容器是一種常識

⑥ 追蹤垃圾的去向

日本的《容器包裝再生利用法》並不能解決垃圾問題

🔄 未能讓自治體的負擔獲得回報

受到一次性容器包裝垃圾增加的影響，日本於1995年通過了《容器包裝再生利用法》（以下簡稱為容器利用法），開始落實寶特瓶、瓶罐、紙類與塑膠容器包裝垃圾的回收。

該法律規定了這樣的分工合作：消費者丟棄垃圾時應遵守分類規則，自治體則按分類收集這些垃圾並移交給回收業者，製造並使用容器包裝的企業則須支付回收委託費給負責整理回收的協會。其流程如下圖所示。

容器利用法讓日本的回收有了進展，

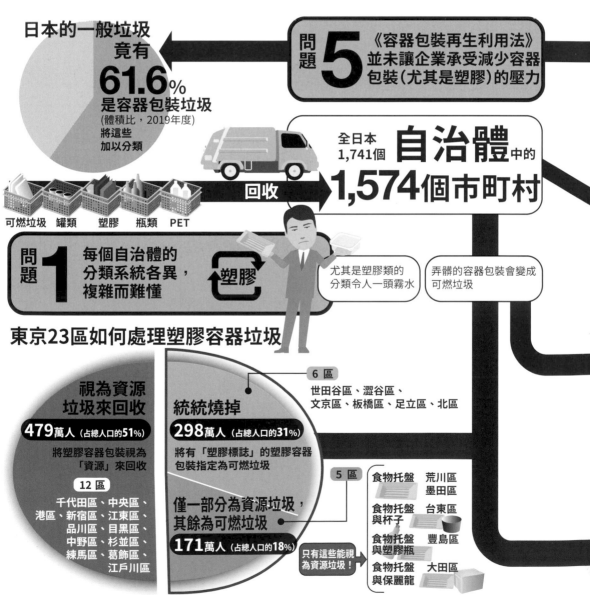

日本的一般垃圾
竟有
61.6%
是容器包裝垃圾
(體積比，2019年度)
將這些
加以分類

問題 5 《容器包裝再生利用法》並未讓企業承受減少容器包裝(尤其是塑膠)的壓力

可燃垃圾　罐類　塑膠　瓶類　PET

回收　全日本
1,741個 **自治體**中的
1,574個市町村

問題 1 每個自治體的分類系統各異，複雜而難懂　塑膠

尤其是塑膠類的分類令人一頭霧水

弄髒的容器包裝會變成可燃垃圾

東京23區如何處理塑膠容器垃圾

視為資源垃圾來回收
479萬人（占總人口的51%）
將塑膠容器包裝視為「資源」來回收
12 區
千代田區、中央區、港區、新宿區、江東區、品川區、目黑區、中野區、杉並區、葛飾區、練馬區、江戶川區

統統燒掉
298萬人（占總人口的31%）
將有「塑膠標誌」的塑膠容器包裝指定為可燃垃圾
6 區
世田谷區、澀谷區、文京區、板橋區、足立區、北區

僅一部分為資源垃圾，其餘為可燃垃圾
171萬人（占總人口的18%）

5 區
食物托盤　荒川區　墨田區
食物托盤與杯子　台東區
食物托盤與塑膠瓶　豐島區
食物托盤與保麗龍　大田區

只有這些能視為資源垃圾！

各自治體的資料都是截至2021年12月為止的資訊
北區的部分地區與澀谷區預計於2022年度開始將塑膠視為資源垃圾來回收

但回收率仍低於歐美。其中一個原因是，回收業者拒收髒汙或素材複雜的垃圾，因此即便費心做了分類，送去焚燒的垃圾量仍相當可觀。不僅如此，有些自治體還會將塑膠容器包裝垃圾指定為「可燃垃圾」而予以焚燒。像這樣每個自治體的垃圾政策各有不同，也有損容器利用法的成效。

最大的問題在於，自治體的負擔比企業的負擔還要重。為了將垃圾移交給業者，必須先去除雜質，經過壓縮以便運送，並先保管一定的量，日本所有自治體每年在垃圾處理方面所投入的費用為3,000億日圓。相對於此，企業於2020年度支付的委託金才457億日圓。

不僅如此，企業以支付委託費來規避責任，仍繼續製造並使用容器包裝，消費者也依賴回收而持續製造垃圾，以至於形成惡性循環。

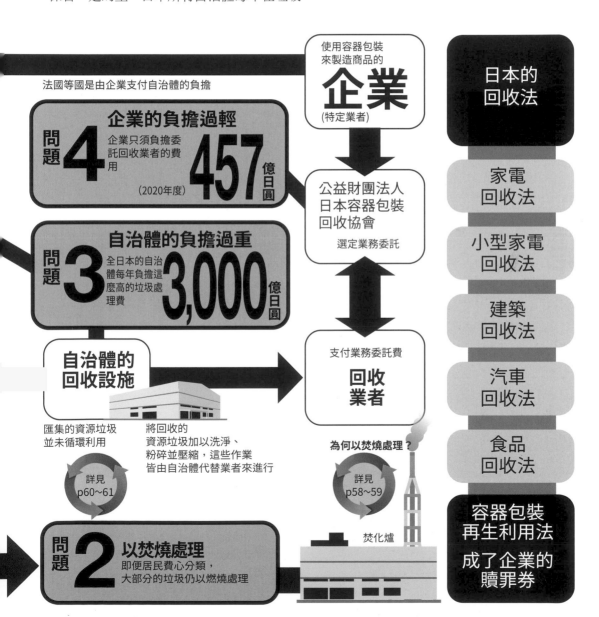

法國等國是由企業支付自治體的負擔

問題4 企業的負擔過輕
企業只須負擔委託回收業者的費用
（2020年度）
457億日圓

問題3 自治體的負擔過重
全日本的自治體每年負擔這麼高的垃圾處理費
3,000億日圓

自治體的回收設施

匯集的資源垃圾並未循環利用

將回收的資源垃圾加以洗淨、粉碎並壓縮，這些作業皆由自治體代替業者來進行

詳見 p60~61

問題2 以焚燒處理
即便居民費心分類，大部分的垃圾仍以燃燒處理

使用容器包裝來製造商品的
企業
(特定業者)

公益財團法人日本容器包裝回收協會
選定業務委託

支付業務委託費
回收業者

為何以焚燒處理？
詳見 p58~59

焚化爐

日本的回收法

家電回收法

小型家電回收法

建築回收法

汽車回收法

食品回收法

容器包裝再生利用法
成了企業的贖罪券

追蹤垃圾的去向

日本的塑膠垃圾有效利用率為85%，其實際情況為何？

6 成以上的垃圾都以焚燒處理

日本2019年的塑膠垃圾排放量約為850萬噸。據公布，其中85%都獲得有效的利用。然而，實際上有超過6成都會燒掉。

塑膠的回收方式有以下3種。

①原料回收

指以物理方式將塑膠垃圾作為原料，用來製造新的產品。

②化學回收

指以化學方式分解塑膠垃圾等，化為各種化學原料後再利用。有兩種方式，分別為透過化學反應恢復成原料來再利用，以及重新製成還原劑或焦炭等。

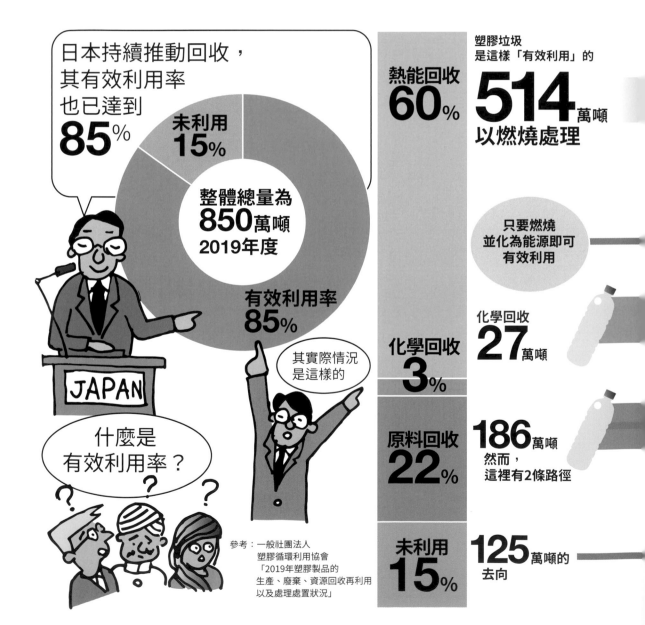

日本持續推動回收，其有效利用率也已達到 **85%**

未利用 **15%**

整體總量為 **850萬噸** 2019年度

有效利用率 **85%**

什麼是有效利用率？

其實際情況是這樣的

JAPAN

塑膠垃圾是這樣「有效利用」的

熱能回收 **60%**

514萬噸 以燃燒處理

只要燃燒並化為能源即可有效利用

化學回收 **3%**

化學回收 **27**萬噸

原料回收 **22%**

186萬噸 然而，這裡有2條路徑

未利用 **15%**

125萬噸的去向

參考：一般社團法人塑膠循環利用協會「2019年塑膠製品的生產、廢棄、資源回收再利用以及處理處置狀況」

③熱能回收

指燃燒垃圾，用於發電、供應暖氣或加熱溫水池等。

日本大多採取這之中的熱能回收。然而，這是日本特有的稱呼，其他國家都稱為「能源回收」，但並未將其視為重複利用資源的「循環回收」。塑膠燃燒後就不能再利用，最初製造塑膠時所用的能源與資源也會浪費掉。

此外，日本的化學回收大多是重新製成還原劑或焦炭等，這些最終也都會燒掉。

不僅如此，原料回收的43%，約為80萬噸，會「出口」至國外，無從得知是否全都回收再利用。話說回來，出口塑膠垃圾這種做法又是怎麼回事？

這些就留待下一節再詳細探究吧。

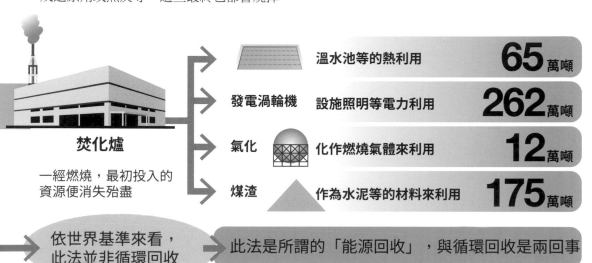

焚化爐

一經燃燒，最初投入的資源便消失殆盡

溫水池等的熱利用	**65**萬噸	
發電渦輪機 設施照明等電力利用	**262**萬噸	
氣化 化作燃燒氣體來利用	**12**萬噸	
煤渣 作為水泥等的材料來利用	**175**萬噸	

依世界基準來看，此法並非循環回收 ➤ 此法是所謂的「能源回收」，與循環回收是兩回事

透過各種化學處理讓塑膠垃圾資源回收再利用　➤　製成焦炭、煤氣或固體燃料　最終都會燒掉

➤ **106**萬噸在日本國內處理 ➤ 這是真正的回收

揀選　粉碎　洗淨　脫水並乾燥　融化並塑形

➤ **80**萬噸出口國外 ➤ 將塑膠垃圾出口至開發中國家的問題請見下一頁

➤ **70**萬噸單純予以焚燒

➤ **54**萬噸予以掩埋

什麼嘛！日本幾乎都用燒的！

如果按照世界的基準，日本的回收率會是多少？

8

追蹤垃圾的去向

以「垃圾貿易」的名義
將垃圾強加於開發中國家

日本是塑膠垃圾出口大國

　　2017年，中國突然表明將禁止塑膠垃圾的進口。此聲明揭露了「垃圾貿易」的實際情況，就此讓已開發國家將塑膠垃圾「出口」至中國與亞洲各國一事廣為人知。

　　若要在自己國家製造塑膠製品，就必須建造石油工廠，因此工業化較落後的國家選擇進口塑膠垃圾來進行再生加工，成本較為低廉。另一方面，已開發國家若要在自己國家回收塑膠垃圾，設備與人事上的成本高昂，但是出口卻能獲利。這種對雙方都有利的塑膠垃圾貿易始於1980年代，並於2000年代迅速增加。

1 塑膠垃圾出口之始

此時雙方的利益是一致的

出口國

出口既簡單
又能有一筆收入

因為成本高昂而不想建造
塑膠垃圾的回收設施

進口國

如果要製造塑膠，
就必須培植石油化學工業
石油聯合企業與
石油化學工廠的建設
是一項龐大的投資

進口塑膠垃圾，
回收並製成商品
較為簡單

日本以塑膠垃圾出口國之姿崛起持續急遽增加

塑膠垃圾出口量的推移
來源：日本財務省貿易統計
單位：萬噸

2000	2002	2004	2006	2008	2010	2012	2014
30	55	85	130	152	164	167	167

2 日本出口至中國的垃圾量驟減，改往東南亞各國擴散

來源：日本財務省貿易統計
單位：萬噸

中國進口量驟減的原因為何？

■ 2016　■ 2019

中國	馬來西亞	越南	泰國
80.3 / 1.9	3.3 / 26.2	6.6 / 11.7	2.5 / 10.2

中國曾是塑膠垃圾的主要進口國

隨著中國的經濟成長，塑膠垃圾的進口量急速增加

(萬噸)

中國的GDP

從日本進口的
塑膠垃圾量

單位
10億美元

驟減

1990　1995　2000　2005　2010　2015　2019

2017年
中國表明將禁止塑膠垃圾的進口

STOP

國家主席習近平表示，
「中國不是世界的垃圾場」
塑膠垃圾也引起環境汙染

然而，出口的垃圾中也含括了髒汙與有害物質等無法回收之物。負責手工分類這些垃圾的是以低薪聘僱的勞工或兒童。處理不完的垃圾會被棄置，一部分流入河川而造成嚴重的環境汙染。中國一直以來都是塑膠垃圾進口大國，之所以下定決心禁止進口，也是為了保護環境。

2018年以後，已開發國家的塑膠垃圾的落腳地開始從中國轉移至東南亞各國等，不過這些國家也出現反彈聲浪：「我們國家不是已開發國家的垃圾場」。因此，取締有害廢棄物越境的《巴塞爾公約》經過修訂，自2021年起對塑膠垃圾的出口管制變得更為嚴格。

儘管如此，垃圾貿易仍在繼續。日本的塑膠垃圾出口量名列全球第二。日本國內的塑膠垃圾回收有1成左右一直都是依賴開發中國家的。

日本成了排名全球第二的塑膠垃圾出口國

（2019年）

德國	105.1
日本	89.8
美國	66.7
英國	57.6

來源：Trade Map（ITC）
單位：萬噸

0　20　40　60　80　100　120

3 出口國一再違法，引爆亞洲各國的怒火

韓國
非法出口產業廢棄物而非回收用的塑膠垃圾

加拿大
非法出口家庭汙染垃圾而非塑膠垃圾

美國
出口汙染垃圾或用過的紙尿布而非塑膠垃圾

菲律賓
連帶集裝箱一併退回給非法出口國

印尼
根據總統的命令，將集裝箱退回給美國

受到全球性的批判，
於2019年修訂了《巴塞爾公約》，
禁止汙染塑膠垃圾的出口

4 亞洲各國開始管制塑膠垃圾的進口

截至2020年3月

泰國
禁止進口，政府允許的東西除外

越南
原則上禁止受到汙染的塑膠垃圾

馬來西亞
原則上禁止受到汙染的塑膠垃圾

菲律賓
正在審議禁止進口塑膠垃圾的法律

印尼
禁止進口，無害的工業類塑膠垃圾除外

5 出口國已鎖定非洲作為新的垃圾場

日本對非洲的出口也驟增

| 2018 | 推測有2,000～3,000噸 |
| 2020 | 增至8,100噸 |

0　2,000　4,000　6,000　8,000

「非洲不是世界的垃圾場」
非洲各地反對運動四起

⑨ 追蹤垃圾的去向

開發中國家所面臨的垃圾問題是垃圾處理系統不完善

靠撿拾垃圾維持生計的人們

開發中國家的垃圾處理方式主要是曠野傾棄（Open Dump）。這是讓垃圾在空地等處逐漸堆積如山的原始方式。因此，產生惡臭、出現蒼蠅與蚊子、土壤與水受到汙染、火災引起空氣汙染、垃圾山倒塌造成死傷意外等，一直以來都被視為燙手山芋。

直接受到這些災害影響的，是一群以撿拾並販售垃圾來維生、被稱為拾荒者（Waste Picker）的人們。據估全球有1,500萬名拾荒者，一直以來在社會底層倍受欺凌。然而，在沒有垃圾回收系統的地區，他們負責回收可化為資源再利用的垃

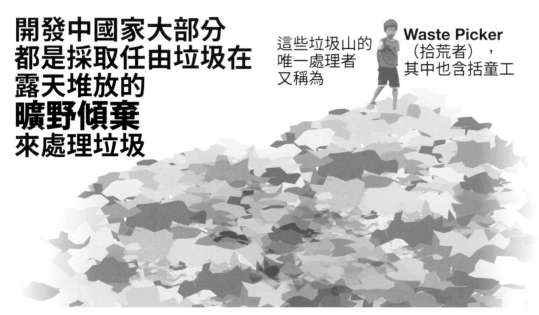

開發中國家大部分都是採取任由垃圾在露天堆放的曠野傾棄來處理垃圾

這些垃圾山的唯一處理者又稱為 **Waste Picker**（拾荒者），其中也含括童工

垃圾處理的高所得國家與低所得國家之比較

	曠野傾棄	掩埋	堆肥	回收	焚燒	其他
高所得國家	2%	39%	6%	29%	22%	0.3%
低所得國家	93%			3%		3.7%

這兩個地區的垃圾處理特別落後

	曠野傾棄	掩埋	堆肥	回收	焚燒	其他
南亞	75%	4%	16%			5%
亞撒哈拉地區	69%	24%				6.6% (1%以下)

來源：世界銀行「What a Waste 2.0」

曠野傾棄對人們造成的危害

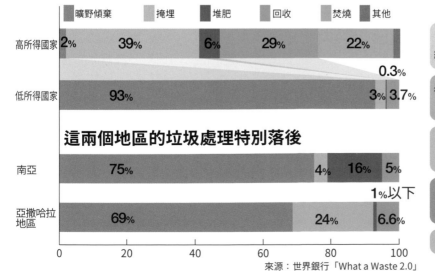

從垃圾中產生的害蟲與細菌有引起傳染病的危險

從遭汙染的堆積物中產生惡臭與化學物質的危險

從遭汙染的堆積物中流出汙染水的危險

堆積物升溫有引發起火與火災的危險

堆積物塌陷的危險

坂，其存在舉足輕重，近年來也出現一股讓拾荒者組織化以建構開發中國家特有回收系統的趨勢。

♲ 禁止會淪為垃圾的塑膠袋

管制塑膠袋是另一項開發中國家特有的垃圾對策。日本自2020年7月起開始推動塑膠袋收費作為塑膠垃圾的對策，不過這項決策比世界其他國家來得晚。別說是收費了，亞洲與非洲各國甚至有不少國家禁止製造、販售與使用塑膠袋。散亂於鎮上或水邊的塑膠垃圾已經在開發中國家引發諸多問題，卻缺乏如已開發國家般用來分類並處理垃圾的資金。既然如此，從源頭消除垃圾的產生是相當明智的判斷。

開發中國家如今已摸索出獨具一格的垃圾對策，不再追著已開發國家的後頭跑。

開發中國家的垃圾回收剝削結構

- 回收工廠
- 地區負責人
- 中間買家
- 拾荒者

這個金字塔（階級制度）的最下層是由拾荒者所構成

開發中國家的回收現狀正是由這套隱藏式系統所支撐

根據世界銀行的估算，有1,500萬人從事廢棄物相關工作

↓

其經濟效益達3億美元

↓

問題在於，他們在這種剝削的結構中並未獲得合理的報酬

拾荒者正試圖透過各種手段尋求自立

自組工會

哥倫比亞已經出現100多個工會

巴西也有6萬人加入500個工會中

巴西的某個工會讓工資增加了6倍

成立中小企業

有一家成立於墨西哥城的回收企業向居民徵收垃圾收集費而得以獲得比以前多7倍的報酬

因為是開發中國家才能做出如此果決的塑膠垃圾削減政策

連塑膠袋都說禁就禁

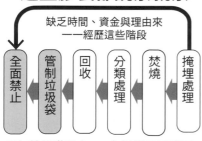

缺乏時間、資金與理由來
——經歷這些階段

全面禁止 ← 管制垃圾袋 ← 回收 ← 分類處理 ← 焚燒 ← 掩埋處理

孟加拉是世界上第一個禁止國

被丟棄的大量塑膠袋阻塞了排水管，是造成1988年大洪水的其中一個原因，使其於2002年成為世界上第一個禁止使用塑膠袋的國家

在坦尚尼亞違反規定會有牢獄之災

涉及製造或進口塑膠袋，最高可處4,600萬日圓的罰金或2年以下有期徒刑，即便只是持有，最高亦可處9,400日圓罰金

肯亞亦然

製造、販售或使用塑膠袋，最高可處4年有期徒刑或430萬日圓罰金

垃圾袋管制 🚫
課稅・收費
禁令・禁止製造
部分地區禁止也包括在內

非洲各國的垃圾袋管制

垃圾不會消失？
物質不滅定律與熵增定律

無論是焚燒還是掩埋，
物質都是不滅的

　　人類隨著進化開始大量製造出各式各樣的垃圾，與此同時，垃圾處理法也不斷進步。然而，如今全球的垃圾排放量與日俱增，理想的垃圾處理方式又再次受到質疑。

　　迄今為止的垃圾對策都是著重於高效率又安全地處理大量垃圾。然而，這就意味著，只要有高效率又安全的垃圾處理方式，製造出多少垃圾都無妨，垃圾的排放量就會繼續增加。

　　探究垃圾問題時，希望大家務必牢記以下2大定律。

已經排出的垃圾是無法恢復原狀的 以下是關於這2條物理定律

1 物質不滅定律

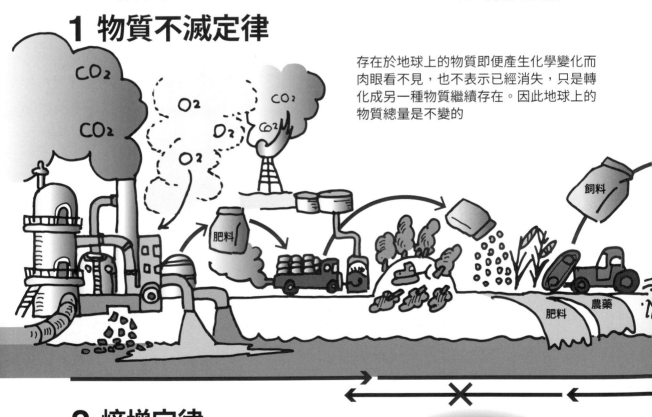

存在於地球上的物質即便產生化學變化而肉眼看不見，也不表示已經消失，只是轉化成另一種物質繼續存在。因此地球上的物質總量是不變的

2 熵增定律

地球上的物質一旦從井然有序的狀態（整潔＝低熵狀態）變成雜亂擴散的狀態（骯髒＝高熵狀態），就無法再恢復原本的狀態

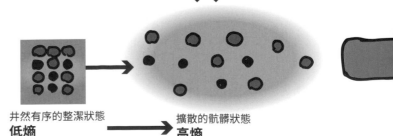

井然有序的整潔狀態
低熵

擴散的骯髒狀態
高熵

其一是「物質不滅定律」。所有物質無論燃燒或土掩都不會消失，只是引起化學反應而轉化成另一種物質罷了。垃圾經燃燒後將不復原形，卻會化作二氧化碳或水蒸氣等，繼續殘留於某處。

已經排出的垃圾是無法逆轉的

另一個則是「熵增定律」。熵（entropy）是「無序、雜亂」之意。此定律是指，所有事物都會從有序狀態變成無序狀態且不可逆。比方說，燃燒木柴會產生煙

與灰，但煙與灰無法變成木柴。

人類從自然界中獲取低熵的資源來使用，卻轉化成高熵的廢棄物回歸地球。如果不阻止這種單向的過程，地球的處理能力將會到達極限。

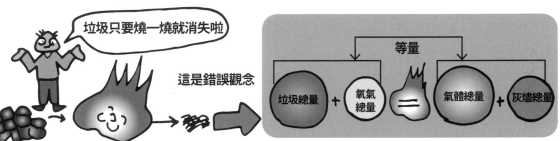

此圖是參考廣瀨立成所著的《物理學家這樣看待垃圾：零廢棄為家庭垃圾與放射性垃圾的解決之道》（暫譯，自治體研究社刊）

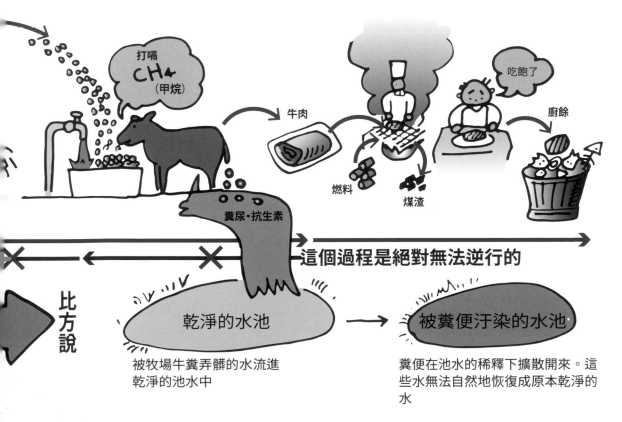

邁向零垃圾社會之路

SDGs的目標是建構一個不會產生垃圾的社會

垃圾減量是全球的課題

聯合國在世界各地有193個會員國,於2015年通過了「2030年永續發展的議程(行動目標)」,提出如下所示的17項「永續發展目標(SDGs)」,志在2030年以前

目標	
1	終結各地一切形式的貧窮。
2	終結飢餓,確保糧食穩定並改善營養狀態,同時推動永續農業。
3	確保各年齡層人人都享有健康的生活,並推動其福祉。
4	確保有教無類、公平以及高品質的教育,並提倡終身學習。
5	實現性別平等,並賦權所有的女性與女童。
6	**確保人人都享有水與衛生,並做好永續管理。**
7	確保人人都享有負擔得起、可靠且永續的近代能源。

聯合國在 2030 年前要

 1 消除貧窮

 2 終止飢餓

 3 良好健康與福祉

 7 可負擔的乾淨能源

 8 優質工作與經濟成長

 9 工業、創新與基礎建設

 13 氣候行動

 14 海洋生態

 15 陸域生態

目標	
8	推動兼容並蓄且永續的經濟成長,達到全面且有生產力的就業,確保全民享有優質就業機會。
9	完善堅韌的基礎設施,推動兼容並蓄且永續的產業化,同時擴大創新。

達成。

其中與垃圾問題大有關係的便是目標12的「負責的生產與消費」。其具體指標還含括有效利用天然資源、減少食品廢棄與食品損耗、致力於垃圾減量、回收與重複使用等項目，無論是生產者還是消費者，都應採取負責的行動以求達到垃圾減量。

此外，目標14的「海洋生態」則提出了守護海洋免於塑膠垃圾與富營養化等所有海洋汙染的對策。除此之外，關於適當的廢水處理與都市的垃圾管理，都分別提出目標6「潔淨飲水與衛生設施」與目標11「永續鄉鎮」作為應解決的主題。

那麼，在2030年前，我們應該如何減少垃圾呢？讓我們從下一頁逐一詳細地一探究竟。

戈的永續發展目標 SDGs

圖片素材來源：聯合國教科文組織

| 目標 12 | 確保永續的消費與生產模式。 |

| 目標 13 | 採取緊急措施以因應氣候變遷及其影響。 |

| 目標 14 | 以永續發展為目標，保育並以永續的形式來利用海洋與海洋資源。 |

| 目標 15 | 推動陸上生態系統的保護、恢復與永續利用，確保森林的永續管理與沙漠化的因應之策，防止土地劣化並加以復原，並阻止生物多樣性消失。 |

| 目標 10 | 導正國家內部與國家之間的不平等。 |

| 目標 16 | 以永續發展為目標，推動和平且包容的社會，為所有人提供司法管道，並建立一套適用所有階級、有效、負責且兼容並蓄的制度。 |

| 目標 11 | 打造包容、安全、堅韌且永續的都市與鄉村。 |

| 目標 17 | 以永續發展為目標，加強執行手段，並促進全球夥伴關係。 |

Part 4 ②

邁向零垃圾社會之路

垃圾處理的分級制度，
零垃圾更勝回收

以不製造垃圾為第一優先

如今回收在已開發國家是一種常識。然而，回收需要設備與成本，回收過程也會排放出 CO_2。不僅如此，目前的現狀是，「只要做好回收即可」的這種想法只會增加更多垃圾。

「Reduce」、「Reuse」與「Recycle」這「3R」是較為人所知的垃圾對策，近年來推廣的則是新增「Refuse」的「4R」。這4項的優先順序如下所示：

1. Refuse（拒絕使用）
拒買並拒用最終會變成垃圾的東西。
2. Reduce（減量）

消費者應該落實的垃圾對策 4R

歐盟對產業界與自治體實施的垃圾處理分級制度

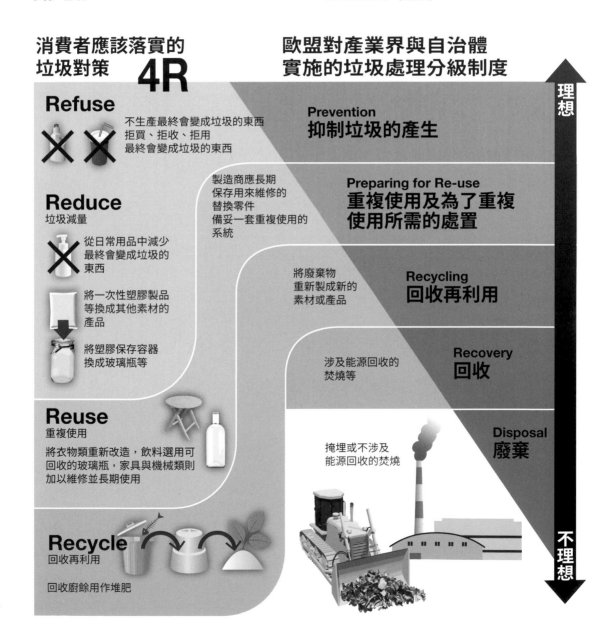

消費者應該落實的垃圾對策 4R

Refuse
不生產最終會變成垃圾的東西
拒買、拒收、拒用
最終會變成垃圾的東西

Reduce
垃圾減量
從日常用品中減少最終會變成垃圾的東西
將一次性塑膠製品等換成其他素材的產品
將塑膠保存容器換成玻璃瓶等

Reuse
重複使用
將衣物類重新改造，飲料選用可回收的玻璃瓶，家具與機械類則加以維修並長期使用

Recycle
回收再利用
回收廚餘用作堆肥

歐盟對產業界與自治體實施的垃圾處理分級制度

理想

Prevention
抑制垃圾的產生

製造商應長期保存用來維修的替換零件
備妥一套重複使用的系統

Preparing for Re-use
重複使用及為了重複使用所需的處置

將廢棄物重新製成新的素材或產品

Recycling
回收再利用

涉及能源回收的焚燒等

Recovery
回收

掩埋或不涉及能源回收的焚燒

Disposal
廢棄

不理想

減少最終會變成垃圾的東西。

3. Reuse（重複使用）

反覆使用用過的東西。

4. Recycle（回收再利用）

將廢棄物資源回收，作為原料，製成新產品。

換言之，要解決垃圾問題的第 步應該是盡可能減少最終會變成垃圾的東西，而非依賴回收。

日本與歐盟的垃圾政策也將「抑制垃圾的產生」列為垃圾處理優先順序的首位。

另一方面，作為垃圾處理的最終手段，相較於日本以「適當處置」這種含蓄的用語來表達，歐盟使用的是「廢棄」一詞，並列舉掩埋或不涉及能源回收的焚燒作為具體例子。換言之，其政策是今後要盡可能避免採取掩埋或單純焚燒之法。

下一頁將解說的「零廢棄」則是要進一步推動這些政策並付諸具體的行動。

日本行政單位實施的垃圾處理分級制度

抑制垃圾的產生

重複使用
也包括維修與產品再製

回收再利用
原料回收等

熱回收
熱能回收

適當處置
以不會對環境造成負擔的形式來處置

自治體須負擔沉重的費用

生產者的負擔較輕，所以法律在抑制產生上並未發揮作用

日本也有《循環型社會形成推進基本法》，透過法律來加以規範

於2000年6月2日頒布。針對循環型社會的形成訂下基本原則，並強調對確保國民的健康與文化生活將會有所助益

透過這項法律訂下廢棄物處理的優先順序

日本的垃圾處理分級制度

製造者的責任義務也更為明確
闡述了「擴大生產者責任」的一般原則，即生產者對自己生產的產品等必須負起一定的責任，範圍涵蓋至使用後成為廢棄物的後續處理

然而現實中的分級制度如下，
焚燒是最優先的

送進巨大焚燒設施中焚燒即可

重複使用

回收再利用

抑制產生

消費者認為自己有協助回收

然而，因為矛盾的結構，大部分的垃圾皆以焚燒處理

日本的回收率低，只有約 **20**%，便是這個緣故

各自治體複雜的垃圾分類

零廢棄的目標在於形成一個既不焚燒亦不掩埋的循環

世界各地相繼發出零垃圾宣言

最初提倡「零廢棄」這個概念的,是英國產業經濟學家羅賓・穆雷(Robin Murray)。所謂的零廢棄並不單只是讓垃圾歸零,而是不燃燒亦不掩埋垃圾,盡可能資源回收再利用,以不對環境造成負擔的形式來消除垃圾與浪費的一種思維。

為了達成零廢棄,有4個關鍵要素,即「在地主導」、「低成本」、「低環境負擔」與「低技術」。這種想法原本是針對英國的垃圾政策而提出的,結果穆雷的著作《垃圾政策》在各國出版後,引起全世界的共鳴。

我們城市宣布將落實零廢棄

坎培拉

坎培拉的回收率 **40**%

4 L 是零廢棄的基本戰略

**LOCAL
在地**　　目標是建立一套符合地區實際情況且能靈活運用各種手法的廢棄物處理系統,而非大規模大範圍而僵化的系統

**LOW COST
低成本**　　目標是建立一套可在地區運作且低成本的處理系統,而非如焚燒般必須耗費巨額建設成本與運作成本的系統

**LOW IMPACT
低衝擊**　　目標是建立一套對地球環境影響較小的系統,而非如曠野傾棄或掩埋般會對環境造成不良影響的系統

**LOW TECH
低技術**　　目標是建立一套運用任何人皆可取得的普遍技術的系統,而非如先進科學般只有各已開發國家才能取得的技術

與其思考如何處理廢棄垃圾

不如把整個會製造垃圾的產業與經濟結構都納入視野來探討

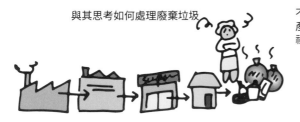

零廢棄的基本理念及其觀點

澳洲首都坎培拉於1996年成為世界上第一個採用零廢棄作為政策的城市。其後，該運動也擴展至紐西蘭、美國、歐洲與南美等都市。

尤其是美國的舊金山市，自2002年發出零廢棄宣言以來，便祭出各式各樣的政策，比如管制塑膠容器的使用與寶特瓶飲料的販售、規定人們有義務做好資源垃圾與廚餘的分類等，成功減少了80%掩埋場的垃圾。

此外，居住在舊金山近郊的家庭主婦

貝亞・約翰遜（Béa Johnson）在部落格『零廢棄之家』上公開將一家四口的垃圾減少到每年一公升的體驗。這些內容於2013年集結成書，並在各國翻譯出版，零廢棄也因此成為一種個人的生活形態而廣為傳播。

垃圾應回收而非焚燒或掩埋

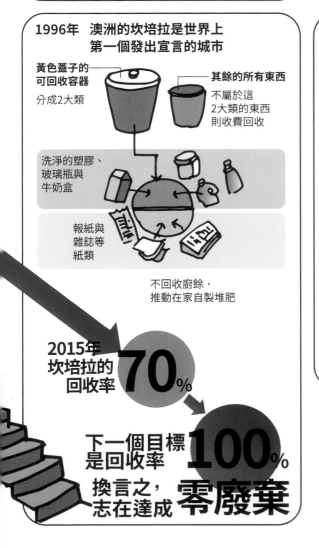

1996年　澳洲的坎培拉是世界上第一個發出宣言的城市

黃色蓋子的可回收容器

分成2大類

其餘的所有東西

不屬於這2大類的東西則收費回收

洗淨的塑膠、玻璃瓶與牛奶盒

報紙與雜誌等紙類

不回收廚餘，推動在家自製堆肥

2015年坎培拉的回收率 70%

下一個目標是回收率 100%

換言之，志在達成 零廢棄

目標是打造一座不會製造出垃圾的城市

2002年　美國的舊金山市也發出宣言

●舊金山

藍桶回收　綠桶堆肥　黑桶垃圾

任何人都能簡單執行分類回收的3種容器

寄送帳單要求支付垃圾處理費用
定期檢查垃圾桶，針對違規進行罰款

2006年　禁止使用食品用保麗龍
2007年　禁止超市與藥局等提供塑膠袋
2014年　禁止在市有土地內販售寶特瓶飲料

於2030年前減少15%的垃圾排放量。目標是減少50%掩埋焚燒（黑桶）的垃圾

2007年　紐約市發出宣言
2016年　加拿大的安大略發出宣言
2018年　紐西蘭的奧克蘭發出宣言

此後，歐洲與巴西等國皆相繼發出宣言

④ 零廢棄行動也在日本擴散，且已達成80%的回收率

透過徹底的分類來減少垃圾

日本也有愈來愈多自治體採納零廢棄作為政策。

2003年，日本第一個發出零廢棄宣言的便是德島縣的山間城鎮：上勝町。該城鎮並無焚燒設施，早在1998年就開始推行25種類型的分類回收，如今則細分為45種類型。採取由居民各自帶到垃圾站進行分類的方式，廚餘則分別在家自製堆肥。透過激進的措施與居民的配合，自2016年以來，回收率都一直維持在80%以上。順帶一提，全日本的回收率僅僅19.6%。

有些自治體雖然沒有發出零廢棄宣

發出零廢棄宣言的城鎮做了這些嘗試

奈良縣斑鳩町　於2017年發出零廢棄宣言
宣告將透過珍惜資源的生活，打造一個不燃燒亦不掩埋垃圾的城鎮。目標是從根本改變以焚燒處置為優先的垃圾政策

福岡縣大木町　於2008年發出零廢棄宣言
繼上勝町之後，第二個發出零廢棄宣言的城鎮。已於2015年達成65.3%的回收率。目前正以達成83%的回收率為目標

福岡縣三山市　於2020年發出零廢棄宣言
宣告將成為「資源循環之城」，並在生質中心利用廚餘與糞尿等來製造電力與液肥。此外，也致力於透過太陽能發電實現能源的地產地銷

熊本縣水俁市　於2009年發出零廢棄宣言
目標是在2026年前打造出不依賴焚燒或掩埋來處理垃圾的城鎮結構。目前已開始舉辦由市民、業者、研究人員與行政單位皆參與其中的零廢棄圓桌會議

零廢棄運動是參考日本的企業活動所衍生出來的

日本企業的品質管理手法TQC（Total Quality Control）所掀起的產品「零缺陷」運動為其契機。經常提出以現狀來說較難實現的目標，並由組織上下一起努力達成，零廢棄便是將這種手法擴大至環境問題所衍生出來的

也有許多地區並未發出零廢棄宣言，但回收方面十分先進

神奈川縣葉山町
於2009年成立了零廢棄推進委員會。致力於設定階段性目標而獨樹一格的「垃圾減半」方式

全日本回收率名列第一與第四的自治體是鄰居

鹿兒島縣大崎町　82.6%
以「混在一起是垃圾，分類後成了資源」為宣傳語，已有13次達成資源回收率日本第一。為了延長掩埋場的壽命，自1998年起便投入徹底的垃圾減量與回收事業。廚餘統統送進有機工廠製成堆肥。資源的出售利潤則活用於獎學金制度

鹿兒島縣志布志市　75.1%
與大崎町一起退出廣大地區的焚化爐建設協議會，踏上分類與回收之路。持續透過環境學習來推動居民執行27種品項的分類。目前正聯合大崎町與嬌聯共同針對占掩埋垃圾約2成的紙尿布回收進行概念驗證

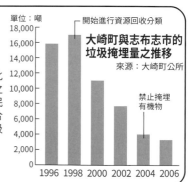

單位：噸
開始進行資源回收分類

大崎町與志布志市的垃圾掩埋量之推移
來源：大崎町公所

禁止掩埋有機物

言，但仍透過類似的措施達成了高回收率。根據日本環境省的調查，2019年的回收率冠軍是鹿兒島縣大崎町的82.6%。另公布出第2名是上述的上勝町，達80.8%，第3名是北海道豐浦町的76.4%，第4名則是鹿兒島縣志布志市的75.1%。

這幾個自治體都徹底執行分類，以零廢棄為目標並交出漂亮的成績單。儘管如此，仍舊無法達成淨零，是因為有些垃圾無論如何都無法回收再利用。出於衛生考量，用過的紙尿布、口罩與生理用品等皆予以焚燒。結合玻璃與金屬等不同素材製成的物品也提高了回收的難度。處理這些垃圾並非光靠自治體就能解決的問題。販售商品獲利的企業必須在製造階段時就考慮到丟棄後續的狀況。

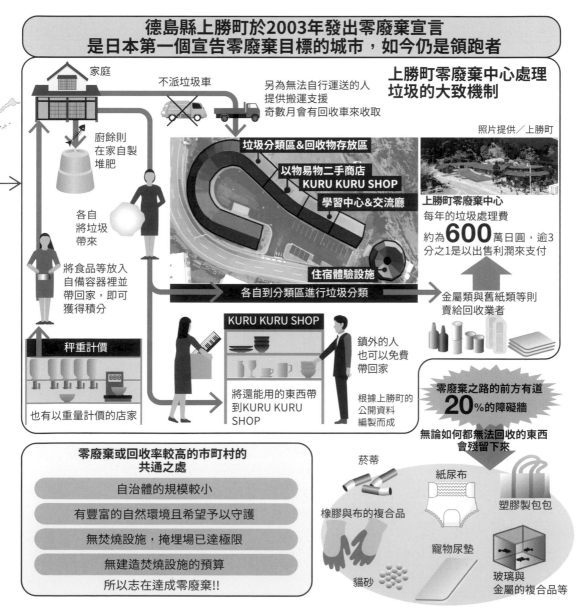

德島縣上勝町於2003年發出零廢棄宣言
是日本第一個宣告零廢棄目標的城市，如今仍是領跑者

家庭

不派垃圾車

另為無法自行運送的人提供搬運支援
奇數月會有回收車來收取

廚餘則在家自製堆肥

各自將垃圾帶來

將食品等放入自備容器裡並帶回家，即可獲得積分

上勝町零廢棄中心處理
垃圾的大致機制

照片提供／上勝町

垃圾分類區&回收物存放區

以物易物二手商店
KURU KURU SHOP

學習中心&交流廳

住宿體驗設施

各自到分類區進行垃圾分類

上勝町零廢棄中心
每年的垃圾處理費
約為 **600** 萬日圓，逾3分之1是以出售利潤來支付

金屬類與舊紙類等則賣給回收業者

秤重計價

也有以重量計價的店家

KURU KURU SHOP

鎮外的人也可以免費帶回家

將還能用的東西帶到KURU KURU SHOP

根據上勝町的公開資料編製而成

零廢棄之路的前方有道 **20%** 的障礙牆

無論如何都無法回收的東西會殘留下來

菸蒂

紙尿布

橡膠與布的複合品

寵物尿墊

塑膠製包包

貓砂

玻璃與金屬的複合品等

零廢棄或回收率較高的市町村的共通之處

自治體的規模較小

有豐富的自然環境且希望予以守護

無焚燒設施，掩埋場已達極限

無建造焚燒設施的預算

所以志在達成零廢棄!!

5

邁向零垃圾社會之路
全球持續推動去塑，
告別用過即丟的生活

歐盟禁用一次性塑膠

為了解決海洋塑膠垃圾的問題，世界各地管制塑膠的趨勢日益高漲，又以歐盟採取的措施格外嚴格。

歐盟自2021年7月3日以來便禁止盤子、吸管、攪拌棒與餐具等10種容易淪為海洋垃圾的一次性塑膠製品在市場上流通。針對食品專用容器包裝、塑膠製釣具與漁具、香菸的濾嘴等，則是要求其製造企業負起重複利用、回收與回收費用等責任。

歐盟自2021年7月起導入一次性塑膠流通禁令

自2021年7月3日起，禁止有平價替代品的一次性塑膠製品在市面上流通。其他塑膠袋與一次性瓶子等則另有其他規定

● 遭禁用的塑膠製品範例

盤子　吸管　杯子　餐具　攪拌棒　氣球棒　棉花棒塑軸　保麗龍製食品容器等

歐盟接下來的目標

2025年前，寶特瓶的再生材料含量達到25%以上
2029年前，塑膠瓶的回收率達到90%
2030年前，所有塑膠瓶的再生材料含量達到30%以上

法國是禁止一次性塑膠的領跑者

2022年前，政府與產業界、自治體、消費者團體與環境保護團體進行協商，針對一次性塑膠容器包裝的減量制定國家計畫

2025年前，一次性塑膠製品將全面使用100%再生塑膠

2040年前，終結一次性塑膠容器包裝在市面上的流通。每5年以法令制定此減量目標

去塑的秤重計價商店在歐盟各國相繼登場

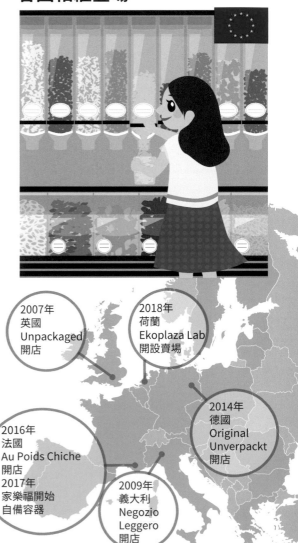

2007年
英國
Unpackaged
開店

2018年
荷蘭
Ekoplaza Lab
開設賣場

2016年
法國
Au Poids Chiche
開店
2017年
家樂福開始
自備容器

2009年
義大利
Negozio
Leggero
開店

2014年
德國
Original
Unverpackt
開店

也有自備容器的秤重計價商店

人們也在生活中展開去塑行動。如今管制塑膠袋、自備袋子或自己的杯子正逐漸成為新常識。家庭也開始聚焦於可反覆使用的用品，比如以蜂蠟保鮮布代替傳統的保鮮膜，或以矽膠保鮮袋來代替冷凍袋等，已迎來改變拋棄式生活型態的好時機。

歐洲與北美的都市地區也開始出現所謂「無包裝商店（Bulk Shop）」的秤重計價商店。購買所需分量的食品或清潔劑等，裝進自備容器後帶回家，這套系統廣為希望減少塑膠垃圾的人們所接受。除此之外，店內的內部裝潢與備品皆屏除塑膠素材，只採用玻璃瓶、以生物可分解素材包裝的商品或可重複使用的容器等，這類無塑（不使用塑膠）的商店與咖啡館相繼登場，成為落實生活零廢棄的後盾。

調查結果顯示，全球的關注焦點已轉向擺脫一次性塑膠容器包裝，凸顯出日本人的意識不足

來源：A Throwaway World/An Ipsos Survey （Ipsos）

法國的市場調查公司於2019年進行了一份以全球28個國家75歲以下成人為對象的線上調查

Q1 製造業者理應負責回收並重複使用自家製造的容器包裝

- 非常同意
- 同意
- 不太同意
- 完全不同意
- 不知道

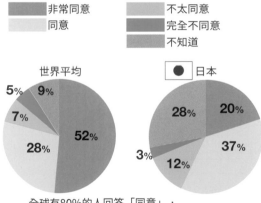

世界平均　　●日本

全球有80%的人回答「同意」，
日本卻只有57%，排名全世界之末

Q2 應盡快禁止一次性塑膠

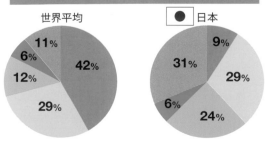

世界平均　　●日本

日本在這題也位居全世界之末
也只有日本有多達30%的人支持一次性塑膠

Q3 對積極採取兼顧環境對策的品牌抱有好感

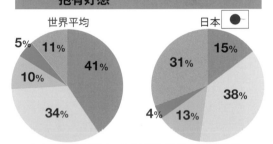

世界平均　　日本●

日本在這題也是墊底，回答不知道的人也特別多
這也是與其他問題共通的特點

Q4 希望購買盡量減少容器包裝的產品

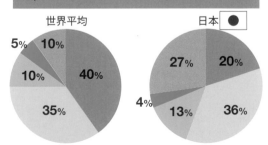

世界平均　　日本●

日本勉強過半數持肯定意見，
但回答「非常同意」的人數是世界最少，
回答「不知道」卻是世界最多

為什麼日本人對一次性塑膠容器的意識如此不足呢？

我們日本人是否已經過於習慣充斥於超市與便利商店的塑膠包裝製品？
然後在用過即丟的生活中，
漸漸偏離了全球人民的共識

Part 4

6

邁向零垃圾社會之路

升級再造是為垃圾增添附加價值並重新利用

衣料損耗與食品損耗的對策

「升級再造」如今被視為新的回收形式而備受矚目。比方說，有一種回收方法是以塑膠垃圾來製造固體燃料，像這樣再生產品的價值與價格低於原產品的回收即稱為「降級再造」。反之，重新製造出價值高於原產品的產品則稱為升級再造。

若要舉出一個範例，利用廢棄家具或舊木材打造出獨一無二的家具或日用雜貨，也是一種升級再造。

產業界中最積極投入升級再造的，便是衣料損耗與環境汙染已形成一大問題的時尚界。重新利用到目前為止都大量廢棄的未

年輕世代的設計師透過升級再造力抗社會問題與環境問題

與開發中國家進行自由貿易	克服性別差距	支援社會弱勢群體	將收益反饋社會

服飾業是環境汙染的主要行業
為了提升高級時尚品牌的形象，升級再造已成當務之急務

致力於時尚與慈善事業
貝瑟尼·威廉姆斯

利用廢材打造包包
FREITAG

致力於環境問題
史黛拉·麥卡尼

升級再造的領頭羊
瑪麗恩·瑟爾

針對環境問題積極發言
薇薇安·魏斯伍德

服飾業的 UPCYCLE

將廢棄物化為商品
Globe Hope

回收後創造出全新價值即為升級再造

用被丟棄入海的塑膠來開發產品
愛迪達

採用海洋垃圾製成的再生纖維
PRADA

服飾業的問題

大量廢棄

染色造成化學汙染

時尚的回收

生產素材造成環境負擔　　低薪勞動　　塑膠微粒流入海洋

製成價值低於衣物的物品則為降級再造

DOWNCYCLE

售出商品，製成全新設計的衣款，這類品牌的數量正急遽增加中。回收原本丟棄入海的漁具或塑膠製品，改造成煥然一新的衣物、包包或小物等，這樣的嘗試也成為話題焦點。

　　升級再造也被視為食品損耗對策而備受期待。食品的生產現場或加工廠一直以來都會大量丟棄形狀或大小不一的食材、切割後的食品碎屑，或因加工而產生的副產品等。在此之前，一般會將這些降級再造成家畜的飼料或堆肥，如今則是升級再造成更廣泛的商品，含括零嘴乃至酒精飲料。美國則為這類商品導入了一套認證系統，並揭示其目標是要在2030年前於國內所有食品店中販售升級再造食品。

升級再造的食品

GoodSport
乳製品的副產品
升級再造成
運動飲料

SUPERFRAU
乳製品的副產品
升級再造成
維生素營養飲品

TeaGlee Cascara
咖啡渣升級再造成
咖啡果實飲料

Grain4Grain
啤酒粕
升級再造成
瘦身專用
低醣大麥粉

Reveal
廢棄酪梨籽
升級再造成
抗氧化力絕佳的飲品

利用食品製造過程中
所產生的副產品或廢棄物，
創造出具有新價值的食品

食品界的 UPCYCLE

美國升級再造
食物協會對
升級再造食品的
定義

- 以廢棄的食品原料製成
- 是具有附加價值的商品
- 是人類會消費的東西
- 具備可監察的供應鏈
- 有標示升級再造的原料成分

食品界的問題

全球每年有**3億7,000萬噸**的
食品在生產與加工過程中遭丟棄

食品的回收

食品在遭丟棄的瞬間
便淪為垃圾

在此之前唯一的
回收是製成堆肥或
飼料

大部分都予以掩埋或焚燒

DOWNCYCLE

邁向零垃圾社會之路

作為食品損耗對策而備受矚目的食物募捐活動與食物共享

將剩餘食品運送給需要的人

日本在2021年夏季東京奧運中，1個月內丟棄了13萬份工作人員的便當而飽受批判。吸取這次的教訓，於10月舉辦的世界韻律體操錦標賽中，成功將食品廢棄降至最低限度。這是因為透過食物銀行將剩餘的

食品分發給福利設施與學生等。

所謂的食物銀行，是指接受剩餘食品的捐贈並舉辦活動提供給需要之人的團體。自第一家食物銀行於1967年在美國誕生以來，類似的活動便廣傳至世界各國。其原本的目的是支援生活貧困的人，不過近年來也被視為食品損耗的對策而備受期待。人們各

我們丟掉了多少連碰都沒碰過的食品？

根據京都市的調查統計，家庭丟棄的食品中有17%左右是連碰都沒碰過的
（2019年度）

烹調垃圾
64.2%

食品損耗總計
35.8%

連碰都沒碰過的食品
17.3%

試著以這份結果為基礎來思考
世界各地的人們
每年丟棄 **13** 億噸的食品

↓

丟掉的食品中約 **17%**
高達約 **2.2** 億噸
是連碰都沒碰過的!?

食物募捐活動
各自帶來多餘的食品以避免浪費

食品相關的製造企業與農家等
過度生產
包裝瑕疵

丟了浪費，所以捐贈出來 →

行政單位等成為公共接收窗口

食品銷售相關業者
賞味期限已過
未售出商品
包裝瑕疵

餐廳與食堂業者
剩餘食材
經過烹調的食品

一般家庭
連碰都沒碰過的未開封食品
烹煮過多的烹調食品

拯救這些食品吧

自帶來家中或店裡剩餘的食品，捐贈給食物銀行，這種活動即稱為「食物募捐活動（food drive）」，日本的自治體與超市等處也成了代為實施的窗口。

德國有將近1000家食物銀行，每年回收約26萬噸超市的未售出商品等。為了拯救那些光靠食物銀行無法應付的食品，還催生出專門處理廢棄食品的超市。

另一方面，源於西班牙的「共享冰箱」則是在公共場所設置冰箱，將家中或餐廳剩餘的食品放入其中，讓需要的人帶回家。法國也有類似的街角冰箱在各地登場。

此外，「惜食應用程式（food sharing app）」則是誕生於丹麥並廣傳至各國。這是透過網路將食品店與餐飲店等處剩餘的食品與需要之人連結起來，日本也有數種應用程式因應而生。

食物共享
將收到的捐贈食品
分享給需要的人

將收到的捐贈食品送給各種
有需求的人們、組織與團體

新冠肺炎疫情導致全球貧困
的育兒家庭持續增加

FOOD BANK
1967年始於美國的志工活動，是一場呼籲食品捐贈並負責運送給需要之人或組織的市民活動。美國每年會以食物支援3700萬名貧困的人，其中1400萬人是兒童，占了38%

日本也成立了156家食物銀行並持續活動
（截至2021年12月）

兒童福利機構、
養老院、身心障礙福利機構
等福利設施

炊食賑濟
兒童食堂

除了捐贈外，還出現另一種
活用方式：惜食應用程式
這個源於丹麥、有償分享剩餘食品的應用程式在歐洲拓展開來。「Too Good To Go」備受喜愛，能以低價購買知名餐廳的料理

一般學生與留學生

共享冰箱‧全民的冰箱
「鎮上的冰箱」是一套可隨意分送食物的系統，與鎮上的人分享吃不完的料理。源於西班牙與法國

試圖協助減少
食品損耗的人們

廢棄物專門超市「SIRPLUS」
德國柏林出現了專門處理廢棄食品的超市

邁向零垃圾社會之路

立法禁止廢棄未售出商品的法國所面臨的挑戰

禁止丟棄未售出的食品與衣物

SDGs提出了於2030年前將來自零售店與家庭的食品廢棄量減半的目標，各國據此展開各種因應措施。其中最激進的是法國，成了全球第一個立法禁止丟棄未售出商品的國家。

法國於2016年2月實施《反食物浪費法》。禁止總樓面面積超過400m²的食品店丟棄未售出商品，且有義務將未售出商品捐贈給慈善團體等，或製成家畜的飼料或肥料。違反該法律還會被罰款，這般嚴苛的內容引發大型超市等的反對聲浪，不過對食物銀行的捐贈有所增加等，已有一定的成效。

歐盟每年會丟棄 8,760萬噸的食品

來源：Fusions（2012年）

其細節如下

民間正在推行的措施

生產過程 11%	加工過程 19%	外食 12%	零售 5%	家庭 53%

→ 食物共享
→ 食物銀行
→ 惜食應用程式

100%

↓ 升級再造的範疇

↓ 推廣打包

└─ 法國正試圖重點減少這個部分

一切始於伊朗二代移民的行動

曾是清貧學生的阿爾希・德朗巴爾希曾看到超市大量丟棄食品

不能免費供應嗎？

只要法律許可的話

他在成為市議員後，便動員下議院議員，終於制定了法律

好，就由我來制定這項法律！

適用對象400m²以上的大型超市

supermarché

《反食物浪費法》
必須與1個以上的組織簽訂未售出食品捐贈契約。違法者將被處以罰金

送往垃圾掩埋場
送往垃圾焚化廠

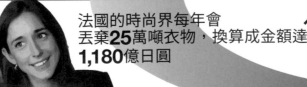

時尚界也決定禁止丟棄未售出商品

布呂內・普瓦爾松
生態轉型與團結部
國務秘書

法國的時尚界每年會丟棄25萬噸衣物，換算成金額達1,180億日圓

法國既然是可永續的時尚先進國家，就不容找藉口

希望能將要丟棄的衣物捐贈給當地企業以便進行升級再造

義大利與捷克也有制定類似的食品廢棄禁令，應該也會逐漸擴展至歐洲以外的各個國家。

法國又進一步於2020年2月實施了另一項法律，禁止丟棄食品以外的未售出商品。法國為時尚大國，每年會丟棄高達25萬噸的衣料，一直以來都被視為一大問題。為此而立法禁止以焚燒或掩埋來處置衣物與鞋子，以及家庭用品、書籍、電器製品等，人們有義務捐贈或回收。

這方面反應了不焚燒亦不掩埋的零廢棄思維，試圖阻絕出口來讓資源循環不息，也是歐盟共同的理念。法國的政策是先禁止零售店丟棄商品以求提高消費者抑制垃圾的意識，受到全球關注。

2016年《反食物浪費法》

2020年《循環經濟法》

Do not enter

此處垃圾禁止通行，請統統帶回家!!

法國阻絕了垃圾的出口

然而，全球仍有衣物被大量丟棄，或以二手衣的形態出口至開發中國家

二手衣的主要出口國與進口國 2018年

出口國　進口國　單位：萬噸

來源：UNdata

英國 40

德國 50

巴基斯坦 78

中國 29

日本 26

烏克蘭 12

法國 8

UAE 25

印度 25

韓國 33

迦納 13

肯亞 17

馬來西亞 24

出口的二手衣已遭到汙染的情況不在少數，在進口國也無法使用而遭丟棄，這又衍生出新的環境問題

截至2018年，法國仍出口了約**8**萬噸的二手衣

邁向零垃圾社會之路

為了將壞掉的東西修復再利用而追求「修復權」

重新審視修復權作為垃圾對策

英國的威爾斯以全球最高回收率著稱，繼回收之後，又提出了另一項目標：「維修（repair）」。過去東西就算壞了也會一再維修，珍惜地長期使用，而如今愈來愈多人東西一壞就買新的。理由不外乎「無法自行維修」、「買新的比維修便宜」等。

為了改變這樣的狀況，2009年，荷蘭出現了一種名為「維修咖啡館（Repair Cafe）」的維修活動。只要把壞掉的東西帶到會場，就會有具備維修技術的志工當場幫忙修復，這樣的活動如今已廣傳至世界各地。

從「購買、使用、丟棄」到「維修並長期使用」
「維修咖啡館」已從歐洲廣傳至世界各地

Repair Café 維修咖啡館

修復權
是這種活動的後盾

購買商品的消費者有
自行修復該商品的權利

E-Waste家電
尤其需要這種權利

維修咖啡館是一名經手荷蘭環境問題的女記者於2009年發起的，且已成立維修咖啡館財團以支援在世界各地的活動

帶來壞掉的物品　→　還能珍惜使用

由志工無償維修

全球有
2,231家
維修咖啡館提供服務

有**33,465**名
志工維修人員

每月維修
40,158件
（截至2021年12月15日）

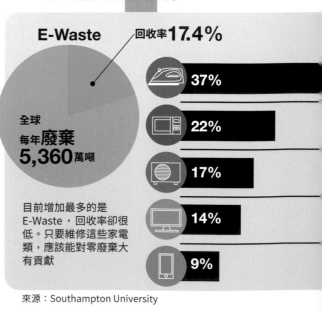

E-Waste　回收率**17.4%**

🔲 37%

🔲 22%

🔲 17%

🖥 14%

📱 9%

**全球
每年廢棄
5,360**萬噸

目前增加最多的是E-Waste，回收率卻很低。只要維修這些家電類，應該能對零廢棄大有貢獻

來源：Southampton University

此外，美國的網站「iFixit」則公開分享電子機器等的維修手冊來支援自助維修。

從廠商手中還給消費者修復權

根據聯合國的調查顯示，2019年的全球家電垃圾達5,360萬噸。據預測，到了2030年將會增加至7,400萬噸。維修選擇性太少是家電垃圾持續增加的原因之一。在大多數情況下，製造商品的製造商會壟斷維修業務，有時還會要求高額的維修費用。

有鑑於此，歐美正在修法，賦予製造商以外的維修專門店或個人「維修的權利」。這種思維認為，商品是購買者的所有物，任何人都應該可以取得維修所需的零件與資訊。為了減少家電垃圾，期盼製造商能公開維修資訊以便消費者自行進行修復。

抵制這種權利的 當然是製造與販售的企業

其說詞是
維修需要專業且高難度的技術。一般的維修技術恐有損消費者權益

其真心話是
希望連維修業務都能由自家公司壟斷
更希望消費者購買新品而非維修

因此不願意公開商品資訊
不想讓人知曉維修所需的技術
也不想交出正規的零件

需要技術公開以便維修

小型電子機器
熨斗、熱水器、烤麵包機等

大型電子機器
冷藏與冷凍庫、洗衣機、微波爐等

空調機器
加溫器、空調相關機器

液晶螢幕
TV、PC專用螢幕

小型IT機器
手機、筆記型電腦等

以美國為主，各種團體持續為「修復權」展開行動。較具代表性的 **iFixit** 在網站上公開各種產品的維修手冊，試圖與世界各地的人們共享維修技術的知識

陸續做出擁護且推動 「修復權」的政治性決策

2021年3月　歐盟
「修復權」的相關規定已在歐盟生效。製造者有義務提供部分產品（冰箱、洗衣機等）的備品零件

2021年7月　美國
美國的聯邦貿易委員會（FTC）全員一致通過「修復權」相關法律的實施。如此一來，美國的消費者便可自行維修電子機器與汽車

壓力

一直以來最強硬反對這種「維修權」的便是蘋果公司

然而，連蘋果公司都接受了「修復權」
提供維修所需的正規零件

離iFixit「有權維修所有擁有物」的目標又更近了一步

然而，日本的現狀卻是
從2015年開始實施維修業者註冊制度。手機維修人員必須向總務省註冊，成為「註冊維修業者」，提供的業務服務皆須符合《無線電法》

Part 4

邁向零垃圾社會之路

日本以焚燒垃圾為前提的去碳化矛盾

垃圾發電與 CCUS 是否有效？

世界各地目前正試圖在2050年前讓溫室氣體的排放量「淨零」，以求抑制地球暖化。正如在p44～45所看到的，垃圾處理也是地球暖化的原因之一，無論是燃燒還是掩埋，都會排放出溫室氣體。

2018年的調查顯示，從日本的垃圾中產生的溫室氣體為3,782萬噸。為了在2050年前將這個數字減為零，日本環境省正試圖抑制垃圾的產生、推動回收、將煤炭與石油轉換成生物質（從動植物產生的可再生資源）等，並提出徹底執行垃圾發電、熱利用與CCUS（CO_2的分解回收、有效利

從日本的廢棄物中產生的溫室氣體量
（以CO_2來換算）
3,782萬噸

單純的焚燒設施約為
1,000萬噸

能源回收焚燒設施約為
2,000萬噸

廢水處理設施約為
400萬噸

1 處理這些垃圾的設施皆會產生溫室氣體

2 日本正試圖減少這些設施排放的CO_2

日本每年的垃圾總量為
4,274萬噸
2018年度

為什麼？

連貓咪都會感到疑惑吧

為何不是規劃從根源處淨零呢？

參考2021年4月　日本環境省環境再生資源循環局的「關於廢棄物範疇中的地球暖化對策」

用與封存），作為焚燒設施產生二氧化碳（CO_2）的對策。

比起燃燒煤炭與石油來發電，垃圾發電的確可以減少CO_2的排放量。此外，CCUS會以焚燒設施排出的CO_2作為燃料或塑膠等的原料，或是儲存於海底，藉此防止CO_2釋放至大氣之中。然而，無論是哪一種，都無法將CO_2的排放量降為零，仍是持續燃燒垃圾，而且打造新設備的費用將會相當可觀。

相較之下，燃燒垃圾減量顯然更為重要，但日本目前尚未對此採取有效的對策。在日本國內，有些沒有焚燒設施的小城鎮為實現垃圾淨零而努力不懈，但是擁有先進焚燒設施的地區卻連可回收的垃圾都予以焚燒。應該先從這方面開始矯正才對吧？

掩埋設施
約**300**萬噸

一旦實現
減量計畫

透過所費不貲的方式
繼續製造燃燒之物!?

4
2030年的目標是
最大減量
563萬噸

2050年的目標是
讓溫室氣體排放量

淨零

3 作為溫室氣體對策而提出的主要手段

推動垃圾發電
將單純的焚燒設施轉換成高效率的能量回收焚化爐

提升碳回收
透過CCUS技術的實用化來減少熱回收焚化爐排放的CO_2
所謂的CCUS，是指利用回收的CO_2
來製造新燃料或化學製品的技術

將塑膠製成固體燃料
推動以一般可燃廢棄物為原料的RPF（Refuse Paper and Plastic Fuel）製造事業

普及生物質塑膠類
對技術開發與設施整建提供支援以便促進生物質塑膠素材的替代

Part 4

11

邁向零垃圾社會之路

不產生垃圾的循環型社會
應從地產地銷開始著手

讓資源在社區內循環

世界各國如今的目標是實現不產生垃圾也不排放溫室氣體的循環型經濟（circular economy）。正如在p28～29所看到的，地球數十億年來一直維持著平衡，未曾產生垃圾，而是讓萬事萬物循環不息。

後來人類加入其中並展開各種活動，這才開始製造出大量的垃圾。

我們該怎麼做才能讓這些混亂恢復原狀？零廢棄的基本理念4L不失為一種啟發。在地區內採行不花錢、不對環境造成負擔且不使用高超技術的方式來逐步減少垃圾。下方插圖所描繪的便是其中一種循環型

循環經濟為世界各地的目標，源自於對循環型社會的追求。試著來描繪其面貌吧！

4L是「地產地銷」的關鍵字
LOCAL以地區為主
LOW COST省錢
LOW IMPACT環境負擔低
LOW TECH難度不會太高的技術

於溫泉地帶發展地熱發電與風力發電

於中小河川發展小規模發電

利用無機翼的風力發電裝置發展頂樓菜園與養殖等社區事業

超市頂樓為蔬菜農園

利用太陽能板達到電力自給自足

蓄電池與智慧電網成為標準配備

Repair Café

地產地銷市場

蔬菜自給自足且將廚餘製成堆肥成為標準做法

電動汽車與自行車的共享愈來愈普遍

社會的例子。

日本回收率低的最大原因在於並未將廚餘視為一種資源。只要將占家庭垃圾約4成的廚餘分類並製成堆肥，回收率應該會大幅提升。然而，即便重新製成堆肥，如果沒有用途，資源也不會循環。地產地銷即為解決之策。

將廚餘製成堆肥後，即可用於地區的農園或家庭菜園中。用這些堆肥栽種出作物，在地區內消耗掉後所產生的廚餘則再次於地區內循環。不光是作物，地區所需電力也以適合該地區的可再生能源來供應。只要有了自給自足的設備，應該還能催生出新的產業與就業機會。

一些以零廢棄為目標的自治體已經逐漸形成循環型社會，證實只要地區有決心，便可改變社會結構。

日本過去曾是循環型社會的領跑者，其核心在於「地產地銷」的社區

精心保護並活用里山的環境

透過有機農法栽種出安全的糧食

糧食的自給自足為一大前提 精心管理稻田

活用森林資源，木造高樓成為標準建築

達成小麥的自給自足

太陽能板成為大樓牆壁與窗戶的標準配備

地區的小規模食品工廠

氫氣成為化學工業的熱源

氫氣成為地區產業的主要能源

丟棄前先維修的維修工作室備受歡迎

零廢棄中心

製氫的電力取自海洋的能源

潮汐發電廠

波浪能發電廠

紙、鋁與玻璃等的回收設施

邁向零垃圾社會之路

邁出零垃圾生活的第一步，試著從做得到的地方開始著手

透過垃圾重新審視生活

日本環境省的數據顯示，日本每人每日所產生的垃圾量約為918公克。要讓這個數字降為零並不容易，但減量應該是可行的。這裡試著整理出4個步驟作為提示。

① 檢視什麼樣的垃圾較多

首先，試著調查一下家裡會產生什麼樣的垃圾以及多少量。其中如果有無法回收且量特別多的垃圾，不妨參考下方插圖來思考減量的方式。

② 不把最終會變成垃圾的東西帶回家

家庭垃圾中，以容器包裝垃圾居多。希望外出時能自備袋子或自己的杯子，拒絕

邁向零廢棄生活的**4**個步驟

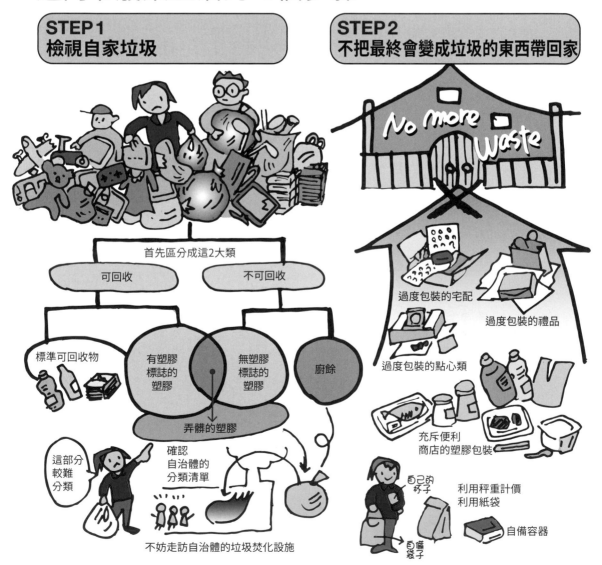

STEP 1 檢視自家垃圾

首先區分成這2大類

可回收 ── 不可回收

標準可回收物

有塑膠標誌的塑膠　無塑膠標誌的塑膠

弄髒的塑膠

廚餘

這部分較難分類

確認自治體的分類清單

不妨走訪自治體的垃圾焚化設施

STEP 2 不把最終會變成垃圾的東西帶回家

No more Waste

過度包裝的宅配

過度包裝的禮品

過度包裝的點心類

充斥便利商店的塑膠包裝

自己的杯子

利用秤重計價
利用紙袋

自備容器

自備袋子

塑膠袋與過度包裝。即便是網路銷售平台，也可以在備註欄註明希望簡易包裝，有些店家會依要求處理。

③ 將一次性商品置換成其他東西

活用附帶玻璃或琺瑯製蓋子而不需要保鮮膜的食品容器、可反覆使用的蜂蠟保鮮布、矽膠保鮮袋等。舊布、布巾、擦手巾等亦可作為廚房紙巾或衛生紙的替代品。

④ 費心思避免產生「垃圾」

毫不浪費地運用食材，剩菜再予以烹調。將廚餘製成堆肥。東西損壞先修理，不需要但還堪用的東西不妨善用跳蚤市場的應用程式或捐贈出去。

這裡呈現出的不過是其中一個例子，不妨先從做得到的地方開始著手。透過垃圾重新審視生活，應該可以看出哪些是真正必要的東西而哪些不是。

重新審視原本認為理所當然的便利生活，會發現這些方便本身就是一種浪費

STEP3
使用非一次性而可重複使用的東西

有意識地停用保鮮膜 → 有各式各樣的保存容器

將塑膠袋改成矽膠保鮮袋

將廚房紙巾或衛生紙 → 改成抹布或手帕

用茶壺等取代茶包

用法蘭絨濾布等取代濾掛式咖啡的濾網

用報紙取代三角水槽濾網

STEP4
別讓物品淪為垃圾

將廚餘製成堆肥

破損的東西維修後繼續使用

不需要的衣物 → 上網出售

用不到的東西不要丟　自己帶去跳蚤市場

故障的家電當然要維修

把故障的玩具送到玩具醫院

結語

大量廢棄背後的原因
在於我們日常中的微小慾望

　　本書的主題「垃圾」是與我們的生活直接相關的問題。對編輯部的人員而言，編制本書也成為重新審視生活細節的好機會。

　　比方說，在此之前我們都習慣用一次性的保鮮膜來保存冰箱裡的食品或用於電磁爐加熱，如今則試著停止使用。蔬菜用報紙包捲起來，吃剩的家常熟食則放入可重複使用的保存容器中，放進冰箱冷藏，便足以解決所需。我們還發現，剩餘的米飯也可以用沾濕的布巾包覆並冷凍保存，之後只須直接用微波爐解凍即可，不會引發任何問題。

　　這些都是生活中的枝微末節，但對心理層面的影響卻意外地大。那些看似方便而平常慣用的商品，難道不是我們一廂情願認定是不可或缺之物而一直使用至今？塑膠容器包裝真的有其必要？東西壞了就丟，退流行了就買新的替換，這些都是天經地義的事嗎？疑問一個接一個浮現。

　　一項商品從生產、加工，歷經運送、陳列於商店中，最後才送達我們手中，這個過程中投入了大量的能源與費用。然而，只要用過了，任何東西最終都會淪為「垃圾」。我們往往會認為，「垃圾燒掉即可」、「只要做好分類即可回收，所以無妨」，但是垃圾處理與回收所耗費的能源與費用也很龐大。追根究柢，我們的消費活動才是製造出大量垃圾的原因所在。我們是否過度追求超出所需的東西呢？

　　垃圾問題是龐大產業結構的問題，同時，在其核心運作的引擎正是我們日常中的微小慾望。很遺憾必須這麼說：針對垃圾的探究，最終也會讓我們看清自身慾望的樣貌。

　　零垃圾社會究竟是不可能的任務還是可行的，有賴於我們每一個人意識上的覺醒。

参考文献

『人間とごみ ごみをめぐる歴史と文化、ヨーロッパの経験に学ぶ』（カトリーヌ・ド・シルギー著、新評論刊）

『物理学者はごみをこう見る 家庭ごみ・放射能ごみはゼロ・ウェイストで解決』（広瀬立成著、自治体研究社刊）

『新版 ごみから地球を考える』（八太昭道著、岩波書店刊）

『ゴミポリシー 燃やさないごみ政策「ゼロ・ウェイスト」ハンドブック』（ロビン・マレー著、築地書館刊）

『小さな地球の大きな世界 プラネタリー・バウンダリーと持続可能な開発』

（J. ロックストローム、M. クルム著、丸善出版刊）

『ゼロ・ウェイスト・ホーム』（ベア・ジョンソン著、アノニマ・スタジオ刊）

『プラスチック・フリー生活』（シャンタル・プラモンドン、ジェイ・シンハ著、NHK 出版刊）

『図説 不潔の歴史』（キャスリン・アシェンバーグ著、原書房刊）

『ヴェルサイユ宮殿 39の伝説とその真実』（ジャン＝フランソワ・ソルノン著、原書房刊）

『トイレの文化史』（ロジェ＝アンリ・ゲラン著、筑摩書房刊）

『図説「最悪」の仕事の歴史』（トニー・ロビンソン & デイヴィット・ウィルコック著、原書房刊）

『大江戸リサイクル事情』（石川英輔著、講談社刊）

『調べよう ごみと資源〈5〉清掃工場・最終処分場』（松藤敏彦監修、大角修文、小峰書店刊）

参考網站

世界銀行● https://www.worldbank.org
OECD Statistics ● https://stats.oecd.org
国連環境計画（UNEP）● https://www.unep.org
国連食糧農業機関（FAO）● https://www.fao.org/home/en
国連世界食糧計画（WFP）● https://www.wfp.org
環境省● https://www.env.go.jp
気象庁● https://www.jma.go.jp
外務省● https://www.mofa.go.jp
農林水産省● https://www.maff.go.jp
財務省貿易統計● https://www.customs.go.jp/toukei/info/
ＮＡＳＡ● https://www.nasa.gov
国立環境研究所● https://www.nies.go.jp
経済産業省資源エネルギー庁● https://www.enecho.meti.go.jp
一般社団法人 日本衛生材料工業連合会● https://www.jhpia.or.jp
公益財団法人 日本容器包装リサイクル協会● https://www.jcpra.or.jp
一般社団法人 プラスチック循環利用協会● https://www.pwmi.or.jp
一般社団法人 廃棄物資源循環学会● https://jsmcwm.or.jp
廃棄物工学研究所● http://www.riswme.co.jp
一般社団法人 日本原子力産業協会● https://www.jaif.or.jp
Minderoo Foundation ● https://www.minderoo.org
Ellen MacArthur Foundation ● https://ellenmacarthurfoundation.org/
Ipsos ● https://www.ipsos.com/en
Our World in Data ● https://ourworldindata.org
Eurostat ● https://ec.europa.eu/eurostat
UNdata ● https://data.un.org
EU Fusions ● https://www.eu-fusions.org
OceansAsia ● https://oceansasia.org/zh/
Trade Map ● https://www.trademap.org/Index.aspx
Zero Waste Europe ● https://zerowasteeurope.eu
ゼロ・ウェイストタウン上勝● https://zwtk.jp
ユニ・チャーム● https://www.unicharm.co.jp/ja/home.html
京都市情報館● https://www.city.kyoto.lg.jp/kankyo/page/0000248968.html
プラなし生活● https://lessplasticlife.com
WIRED ● https://wired.jp
其他，以下為自治體的官方網站
●上勝町、斑鳩町、大木町、みやま市、水俣市、大崎町、志布志市、葉山町、東京 23 区、サンフランシスコ市、キャンベラ市

索 引

跨越國境的塑膠與環境問題：
為下一代打造去塑化地球
我們需要做的事！
作者：InfoVisual研究所／定價：380元

海龜等生物誤食塑膠製品的新聞怵目驚心，世界各國皆因塑膠回收、處理問題而面臨困境，聯合國「永續發展目標（SDGs：Sustainable Development Goals）」
其中一項目標就是「在2030年前大幅減少廢棄物的製造」。
然而，回到實際生活，狀況又是如何呢？
塑膠被拋棄造成的環境問題，
目前已有1億5000萬噸的塑膠累積在大海上。
我們現在要開始做的事：真正地認識塑膠、了解世界現狀、逐步邁向脫塑生活。重新審視塑膠與環境問題，
打開眼界學習「未來的新常識」！

SDGs 系列講堂

全球氣候變遷：
從氣候異常到永續發展目標，
謀求未來世代的出路
作者：InfoVisual研究所／定價：380元

氣候變遷不再是遙不可及的問題。
為了有更多生存的選擇，全民必上的地球素養課！
剖析現今正在全球發生的現象及導因，在困境中尋找邁往未來的轉機。
氣候變遷是一個龐大的難題，以至於連聯合國都將其列為「永續發展目標(SDGs)」之一。追根究柢，氣候究竟是什麼？如今正如何持續變化？還有，人類面對氣候變遷又能夠做些什麼呢？讓我們一探究竟吧。

SDGs超入門：
60分鐘讀懂聯合國永續發展目標
帶來的新商機
作者：Bound、功能聰子、佐藤寬／定價：380元

60分鐘完全掌握！
SDGs永續發展目標超入門！
什麼是SDGs？為什麼它會受到聯合國關注，成為全世界共同努力的目標？這個「全球新規則」會為商場帶來哪些全新常識？為什麼企業應該投入SDGs？
哪些領域將因此獲得商機？投資方式和經營策略又應該如何調整？本書則利用全彩圖解淺顯易懂地解說這個龐大而複雜的問題。

動物的滅絕與進化圖鑑：
讓人出乎意料的動物演化史

作者：川崎悟司／定價：400元

長脖子的長頸鹿、回到大海的鯨魚、長鼻子的大象、背著營養槽的駱駝、把牙齒當作武器的貓、變成鳥類的恐龍、
4億年間幾乎沒有改變的鯊魚……！
為什麼動物們這樣進化，那樣滅絕？
進化與滅絕的動物相比，到底有哪裡不同？
從哺乳類到鳥類、爬蟲類、兩棲類、魚類，
一本統整脊椎動物的進化史！

地球
大小事！

氣象術語事典：
全方位解析天氣預報等最尖端的
氣象學知識

作者：筆保弘德等／定價：380元

所謂的生活氣象，就是與我們的日常生活最息息相關的氣象。譬如「熱傷害」和「流感的流行」，以及近年關注度迅速攀升的「PM2.5」等等，全面檢視人類與氣候，各種常在新聞中出現的關鍵字，在本書中你都可以一一獲得解答！
本書用最淺顯易懂的方式，介紹這些正受到社會關注，又或是未來可能將會受到關注的天氣術語，以及針對該領域當前最新的情報。本書以電視新聞上出現的術語為主軸。內容也同樣集結了活躍於氣象學和天氣預報研究領域的九位氣象專家，為讀者們解說最尖端的知識和理論。

人類滅絕後：
未來地球的假想動物圖鑑

作者：Dougal Dixon／定價：480元

人類滅絕後——將會由哪一種動物統治地球呢？
距離現在5000萬年後的地球，昂首闊步於陸地上的會是何種生物呢？
雖然無法親眼看到，但根據演化的法則是可以推測出來的。
跟著作者一起踏入5000萬年後的地球，觀察看看有那些生物吧！
說不定你想像中的生物也會出現喔！
透過經嚴謹考證的幻想圖鑑啟發孩子的想像力！

InfoVisual 研究所・著

以代表大嶋賢洋為中心的多名編輯、設計與CG人員從2007年開始活動，製作並出版視覺內容。主要的作品有《插畫圖解伊斯蘭世界》（暫譯，日東書院本社）、《超圖解 最淺顯易懂的基督教入門》（暫譯，東洋經濟新報社），還有「圖解學習」系列的《從14歲開始學習 金錢說明書》、《從14歲開始認識 AI》、《從14歲開始學習 天皇與皇室入門》、《從14歲開始了解人類腦科學的現在與未來》、《從14歲開始學習地政學》、《從14歲開始思考資本主義》、《從14歲開始認識食物與人類的一萬年歷史》、（暫譯，皆為太田出版）等，中文譯作則有《圖解人類大歷史》（漫遊者文化）、《SDGs系列講堂 跨越國境的塑膠與環境問題》、《SDGs系列講堂 牽動全球的水資源與環境問題》、《SDGs系列講堂 全球氣候變遷》、《SDGs系列講堂 去碳化社會》《近未來宇宙探索計畫：登陸月球×火星移居×太空旅行，人類星際活動全圖解！》（台灣東販）。

大嶋賢洋的圖解頻道
YouTube（※ 影片皆為日文無字幕版本）
　https://www.youtube.com/channel/UCHlqINCSUiwz985o6KbAyqw
Twitter
　@oshimazukai

企劃・結構・執筆	豐田菜穗子
圖解製作	大嶋賢洋
插畫・圖版製作	高田寬務
插畫	二都呂太郎、ものじ（p74）
DTP	玉地 玲子
校對	鷗来堂

ZUKAI DE WAKARU 14SAI KARA SHIRU GOMI ZERO SHAKAI
© Info Visual Laboratory 2022
Originally published in Japan in 2022 by OHTA PUBLISHING COMPANY, TOKYO.
Traditional Chinese translation rights arranged with OHTA PUBLISHING COMPANY .,
TOKYO, through TOHAN CORPORATION, TOKYO.

SDGs 系列講堂　零廢棄社會
告別用過即丟的生活方式，邁向循環經濟時代

2022 年 9 月 1 日初版第一刷發行
2024 年 9 月 1 日初版第三刷發行

著　　　者	InfoVisual 研究所
譯　　　者	童小芳
編　　　輯	吳元晴
發 行 人	若森稔雄
發 行 所	台灣東販股份有限公司
	＜地址＞台北市南京東路 4 段 130 號 2F-1
	＜電話＞（02）2577-8878
	＜傳真＞（02）2577-8896
	＜網址＞ https://www.tohan.com.tw
郵撥帳號	1405049-4
法律顧問	蕭雄淋律師
總 經 銷	聯合發行股份有限公司
	＜電話＞（02）2917-8022

著作權所有，禁止翻印轉載。
購買本書者，如遇缺頁或裝訂錯誤，
請寄回更換（海外地區除外）。
Printed in Taiwan

國家圖書館出版品預行編目資料

零廢棄社會：告別用過即丟的生活方式，邁向循環經濟時代/InfoVisual研究所作；童小芳譯. -- 初版. -- 臺北市：臺灣東販股份有限公司, 2022.09
96面；18.2×25.7公分. --（SDGs系列講堂）
ISBN 978-626-329-422-6(平裝)

1.CST: 廢棄物處理

445.97　　　　　　　　　111012497